球体のはなし

SPHERE

柴田順二

技報堂出版

序

　1980年代，ファインセラミックスの実用化が耳目を集めた．そのなかで初めて成品になったのが玉軸受であった．ところが超難削材で，しかも金属においてさえ確立されていない「球体」加工にかかわる技術であったため，軸受1個が数十万円と，途方もない価格となった．当時，私は大学に職を得たばかりで，この問題が学生の卒論テーマにでもなればと関心をもったのが，球玉との出会いである．

　さて，真球を磨こうと思い立ったものの，球玉の製造技術に関する文献や情報は見つからず，球研磨機については尋ねるあてさえなかった．球玉をつくる技術は現場での門外不出の職人技で，研究の対象にされるものではなかったのである．手がかりを得ようと，藁をもつかむ思いで軸受玉の有力製造業者に見学を申し入れたが，にべもなく断られてしまった．こと球研磨の現場は，同業者はもとより，一般人にすら閉ざされた世界であることを思い知らされた．

　その後，洋雑誌の広告にホビー用の石球研磨機具を見つけ，アメリカから取り寄せ，その原理を参考にしながらプロトタイプの球研磨装置を自作した．ところが，予想もしない高精度で真球が磨きあがったのである．素人が手探りで始めても通常の玉軸受（5等級）相当の玉ならば，研磨時間さえ厭わなければさして難しい技術でないことを体験して，少々拍子抜けしたことを覚えている．今度は気負ってマスターボールをめざしたところ，真球度 0.1 μm あたりに限りなく大きな壁があり，それを越える術の難しさを味わうこととなった．

　以来20年余，私は大学での研究・教育の傍ら球玉を磨き続けた．研究業績にならない球磨きを継続できたのは，球体の不思議な魅力にとり憑かれたから，というほかない．やがて，球体に関わる情報

も少しずつ集まり，球体が果たす技術的価値や社会的意義を次第に展望できるようになった．球体は「ものづくり」にとって欠かせない存在なのである．また，趣味が高じて球玉ビジネスを起業し，玉磨きを生業とし，あるいは球体オブジェづくりに取り組む芸術家など，まん丸い玉に魅了された人々がなんと多いことか．

　ところが不思議なことに，未だ球玉を話題にとりあげた書籍がどこにも見当たらない．おそらく，球玉づくりは総合技術であるばかりか文化・芸術も加わる学際分野にあり，各論技術の専門家が入りにくいことも一因しているのであろう．しかし今日，「ものづくり」を支える球体テクノロジーを製造現場だけの暗黙知に依存する体制から脱皮させ，体系化して多くの技術者たちに広く継承すべき時期に至っているのではなかろうか．私自身は表面工学を専門とする立場にあるが，このような総合・学際的な視点から球体を論じる球体テクノロジーへの思いが募り，散在していた情報を少しでも整理・体系化することを思い立った次第である．技術雑誌「金属」（アグネ技術センター発行）に"「攻玉」千夜一夜"として15回にわたり連載したものを下地に，構想し直し，大幅に手を加え，本書をまとめた．執筆にあたっては，技術系だけでなく一般の人にも通読して概要をおわかり頂けるよう，数式を最小限にとどめ，できるだけ平易な解説を心がけた．本書が，球体テクノロジーの意義をより広く認識して頂き，これからの「ものづくり」に繋がる一助になれば，望外の喜びである．

　おわりに，技報堂出版の宮本佳世子氏から，本書の企画と執筆に際して多くの適切な助言を得ることができ，推敲には多大の労をとって頂いた．心から感謝申し上げます．

2011年2月

　　　　　　　　　　　　　　　　　　　　柴　田　順　二

目　　次

序

プロローグ …………………………………………………… *1*
天然物と形態学／人工物の形／丸い形体／球玉の機能

第1章　球体の文化と歴史 ……………………………… *5*

1．球体文化の移り変わり　*6*
　先史時代／古代／中世～近世／現代
2．玉作の歴史　*15*
　攻玉の起源／レンズと攻玉／転がり軸受と近代産業
3．生き続ける玉作の伝統　*27*

第2章　球体とは ………………………………………… *31*

1．球体の幾何学的特徴　*32*
　立体は面パッチからなる多面体／数学による球の定義
2．球体を科学する　*33*
　球体と物理現象／超精密な体積測定／最小の比表面積／最大の空間充填率

3．球体と工学　*39*

　転がり摩擦と粘着摩擦／真球をつくる意義／球殻と中空小球

第3章　真球を極める　………………………………*45*

1．球体の加工原理　*46*

　工作機械の加工運動／球体の成形／球体づくりの落とし穴／型成形法による粗球の量産

2．真球度を測る　*54*

　丸さの絶対精度と相対精度／真球度の測定法／真円度測定機の問題点／真球精度の簡易判定法

3．真球を磨く　*62*

　難しい球磨き／真球をつくる摂理／球体ラッピングによる真球づくり／究極の真球に挑む

4．真球はなぜ必要か　*74*

　地球環境の監視／単結晶シリコン球によるアボガドロ数の測定

第4章　機械・光学要素としての球体　………………………*93*

1．転がり軸受　*94*

　転動体による機械要素／玉軸受と鋼球づくり／軸受用セラミックス球

2．ボールバルブとボールジョイント　*105*

　ボールバルブ／球体によるシール機構／ボールジョイントと人工関節

3．ボールペン先の転がり機構　*115*

　ボールペンの誕生／しくみ／書き味と描線

4．球レンズ　　*125*

　マイクロ球レンズ／再帰反射ミラーとガラスビーズ／キャッツアイ

第5章　微小球とエレクトロニクス …………………… *137*

1．シリコンボールが拓く半導体技術　　*138*

　ボールセミコンダクターの登場／微小シリコンボールの生産性／ボールセミコンダクターの魅力

2．ボール型シリコン太陽電池　　*142*

　ソーラーエネルギーの利用／ボール型シリコン太陽電池の現状

3．球体センサー・アクチュエーターと

　　マイクロ球プローブ　　*145*

　ジャイロスコープと球体センサー／多自由度回転駆動用の球体アクチュエーター／マイクロ球プローブによる微小計測

4．マイクロスフェアとマイクロバルーン　　*156*

　マイクロスフェアという粉球／マイクロバルーンへの期待

エピローグ ………………………………………………… *161*

　宇宙船「地球号」という球体／球体テクノロジーが地球を救う／むすび

参考文献 …………………………………………………… *165*

コラム

1 球体に乗るフォルトウナ像　*12*
2 球体電極と高圧放電現象　*35*
3 丸いようで丸くない形　*56*
4 『吾輩は猫である』の球磨きと寺田寅彦　*63*
5 ラッピング加工　*65*
6 GP-B（Gravity Probe B）計画　*72*
7 水は曲者である　*77*
8 ボールねじ　*96*
9 伝統的な鋼球加工からマイクロ鋼球づくりまで　*101*
10 原子力発電とボールバルブ　*107*
11 路面表示用塗料と再帰反射ガラスビーズ　*133*

プロローグ

天然物と形態学

イデオロギーや想念を形にすることはできないし，気体や液体は固定した形態をなさない．これに対し，どんな固体物質でも必ず形をもっている．この自然界は実に多様な形態で満ち溢れているが，宇宙の惑星，山野の草木や昆虫，磯辺の奇岩など千変万化する形態はいかにしてつくられたのであろうか．われわれは，このことを人知の及ばぬこととし，ファジー（無秩序）で究明不能とあきらめ，いつの間にか問いかけることすら忘れてしまった．

近年になって，一見恣意的と思えた自然界の形態にも，実は，造形の支配法則に基づく必然性の潜んでいることが徐々に説明されるようになった．植物の枝葉や山河の地勢などのフラクタル形態論，強度力学に則るカタツムリ・巻貝などの螺旋構造やミツバチの巣の六角柱ハニカム構造，表面張力による球状凝固現象など，事例には事欠かない．自然界に見られる形態には造化の目的と必然性が隠されており，そこで自然界に存在するための最適の形態があるとする機能論をもとに構築された学問が形態学（モルフォロジー）である．形態学は，もともと自然界における生物の機構や構造を理論化する目的から，解剖学，生体構造機構学，分類学など医学や生物学の分野で発展してきた経緯がある．しかし昨今，意匠性や機能性にひかれ，形態学を追究する技術者も少なくない．

人工物の形

人間は道具を手にすることで，初めて他の動物から差別化された．すなわち，人類の高度な文明は「ものづくり」の所産なのである．

そして生活空間から天然物が追い出され，工業製品という人工物が大半を占めるようになった．工業において，技術者が製品を設計する「ものづくり」という行為は造形による機能の創造であり，製造された人工物（工業製品）は技術者によって設計された機能形体なのである．美しい意匠デザインも人間の感性を満たすという意味で，やはり機能設計に属するものといえる．このように有意に創造された人工物は形体によって価値を付加されたものであり，その価値によって支配された工業社会は「初めに形ありき」なのである．

丸い形体

われわれをとりまく生活環境には，天然物，人工物を問わず無数の形体が混在する．しかし，天然物と人工物の形を比べてみると，両者の間に歴然とした違いを見出すことができる．天然物は自由曲面からなり，常に唯一無二である．人間の容姿がすべて異なるように，自然界においてはひとつとして同じ形はない．

これに対し人工物には，形体の再現と大量生産が至上命令とされている．人間は技術によってつくりやすい形体の再生産を繰り返しているのである．極論すると，機械的につくり出すことができる人工形体は平面，円柱，球体に限られ，「ものづくり」とはこの基本3形状およびその組合せを生み出す術であるともいえる．

このように天然物と人工物はともに機能性を標榜しながら，創造の哲学がまったく異なり，やや誇張するなら，両者の形態にはほとんど共通性を見出せない．しかし唯一の例外がある．それが球体である．天然の球体といえば太陽，地球，月，真珠，眼球，水滴等々が，また人工の球体としては軸受玉を筆頭にボールペン先，ビー玉，野球やサッカーボールなどがすぐに連想される．意外に思われるかもしれないが，球とは自然界にも人工物にも共通して存在する，きわめて異質な形体なのである．人が球にひかれるのは，自然界にも

通じているこの形体から宇宙の神秘を感じるからかもしれない．

球玉の機能

「玉」と聞くと何やらロマンを感じ，「まん丸い玉」からは"転がる"ことを連想する．また，対極語「角」のとがった語感に対して，丸い「玉」には"玉成"や"攻玉"など円満や仁徳の念が含まれる．

坂本竜馬は次のような歌を詠んだ．

　　　　丸くとも一角あれや人心　あまりに丸きは転びやすきぞ

とはいえ，この世に存在する多様な形体のなかでも最も単純で平凡な球玉は，日常生活において見馴れすぎ，今さら不思議さや感慨を喚び起こさない．一般人はもとより科学者や技術者の間ですら，「球体」に対する認識は薄いのである．このようにつかみどころのない球体を殊更とりあげ論じたことが，「幾何学（数学）」以外であるだろうか．

しかし最も単純な形であることは，逆に，科学・技術の視点からすれば意義深く，有用なのである．事実，球体には自然の真理がひそみ，その社会的，文化的，産業的意義の大きさは計り知れない．将来，球体テクノロジーが科学技術のイノベーションに際して，そのコア技術のひとつになり得る可能性も秘めている．少なくとも，球体のもつ機能を抜きに現代技術を語ることはできない．

本書では通念的に"丸い"と認められるものを「球体」としてとりあげ，現代日本の科学・技術・文化をこの特異な形体である「球」という切り口から探ってみたい．読み進むうちに，日常生活や現代産業のなかに隠れた球玉の果たす意外な一面に気づくであろう．玉を磨く（攻玉）という古来から続く人の営みに思いをめぐらし，現代技術のなかで注目されることの少ない平凡な形体のもつ機能に目を向けて，"球玉"の魅力を改めて知って頂きたいと願っている．

第 1 章
球体の文化と歴史

　球玉は先史の昔から，人類の生活と深いかかわりをもっていた．原始人にとって自然崇拝のシンボルであり，古代には信仰，祭祀，占呪のための宝珠となった．やがて装身具や工芸品として宝石・貴石の玉文化が生まれ，今日まで続いている．この間，硬い貴石の玉作，とりわけ丸く，艶やかに磨きあげるために玉工師により攻玉の技能が培われた．近世科学技術の黎明期に，球体の光学機能と転動機能がレンズと玉軸受として活用されるに際し，伝統的な玉作技能が大きな役割を果たした．現代技術においても伝統的な玉作技能が生きており，球体機能に負うところは少なくないどころか，将来のハイテク化に向けて球体テクノロジーへの期待はますます広がりつつある．

1. 球体文化の移り変わり

先史時代

万物流転の苛酷な自然環境を生き延びた先史人類にとって，自然の脅威や神秘が死生観や宇宙観に大きな影響をおよぼしたことはいうまでもない．とりわけ，強靭堅固で永恒不変な巨岩・奇岩が畏敬の対象となるのは至極当然であった．イギリスのストーンヘンジを筆頭に，国内でも大湯環状列石（秋田県），金生遺跡（山梨県）などの石列モニュメントに見られるように，先史人類の巨石信仰は民族を超えた人間の心性の現れであろう．

石球崇拝もそのひとつである．初めは希少な天然の丸石であったが，やがて神聖な祭祀のためご神体としてより完璧な石球体づくりを意識しはじめたようである．それではなぜ，人類の祖先は石球をつくろうとしたのであろうか？　畏敬してやまない太陽や月も，そして神秘の深淵である天球も，球体である．おそらく，彼らは完全無欠な球体に宇宙の分身（神）を感じとり，その神秘性に魅了されたのであろう．民族創造の神話に太陽，月がかかわるのはこの証といえようし，永遠に朽ちることのない石球に原始・古代人が畏敬の念を深めたこともうなずける．世界各所で発見されたオーパーツ（OOPARTS；Out-of-place Artifacts：機能や製法が不可解で，摩訶不思議な古代，超古代の人工物）のなかに南米コスタリカの謎の巨大石球があるが，ルーツはやはり石球崇拝に発するのであろうか．

古代
〈玉の字義〉

不朽の岩石のなかでもひときわ硬く，光沢・色調が美しく，しかもその加工がきわめて難しい貴石に，古代の人々が魅せられ，玉崇

拝に昇華していったことは想像に難くない．現代人ですらパワーストーンに霊感や超能力を期待し，心の癒しを求めているのである．古代人にとって，数ある貴石のなかでも翡翠(ひすい)は不老不死や生命の再生という超能力をもつと信じられた最高位の玉材であり，細工物は玉(ぎょく)の代名詞になっている．産地はアジアではミャンマー，カザフスタン，ホータン，そして日本ではかつて新潟県糸魚川市姫川流域，富山県の翡翠海岸など，地球上でもごく限られた場所でしかない．

玉(ぎょく)は，翡翠，黄玉などの貴石・宝石細工一般をシンボライズしており，本来その意味は球体に限らない．「玉佩(ぎょくはい)」とは首や胸に垂れる多様な形状の玉をつらねた装身具であり，「完璧」の故事にある"璧"は環形に磨きあげられた玉のことである．故宮博物館（台湾）ではこのような玉細工を堪能できる．わが国では，古代の勾玉(まがたま)に玉の起源を見る．三種の神器のひとつである八尺(やさか)の勾玉はその象徴である．しかし今日では，パチンコ玉，鉄砲玉，シャボン玉等のように，玉(たま)に対して"珠（数珠，真珠)"や"球（球戯)"，という丸玉・球玉のような「まん丸」の意味を与え，あるいはきわめて貴重な物の形容詞（玉鋼，玉の輿(こし)など）に転じている．

〈人を魅了する珠玉〉

古代の日本では，万物に霊魂（アニマ）が宿るとするアニミズムが支配していた．この霊魂は「タマ」と呼ばれ，後に魂(たましい)という言葉に転化したとする説が有力である[1]．古代人にとって，この魂（タマ）は肉体を自由に出たり入ったりするものとされ，そのことから抽象的な魂（タマ）が球という形に実体化されるようになったとする説は十分な説得力をもつ．実際，球玉に人を魅了する神秘性が宿り，理性を超えて人間の本能を刺激する何かがある．それゆえ，珠玉に対して魂（霊魂）へ通じる何かを求め，やがて信仰・祭祀・呪占のためのご神体，宝珠，鎮檀具へと転化したに違いない．また，このタマの具象化が垂飾(すいしょく)（丸玉や管玉，勾玉を糸に通した首飾り）

の原型となったのだろう．すなわち，タマ（霊魂）を玉佩の形に変容させて身につけることで，霊威の力を得ることを願った現れであろう．『日本書紀』の海幸彦・山幸彦の話で不思議な超能力をもつ塩満珠と塩干珠が語られているように，古代人にとって玉は単なる宝飾の域を超え，占術，儀式，祭祀に欠くことのできない存在となった．そのため，その生産は当時の国家にとって大きな事業のひとつとなり，官営の玉作職人集団（玉造部）が組織されていった．

なお，日本には玉（タマ）のつく地名が多いことに気づく．関東だけでも，埼玉，玉川，多摩，玉戸，玉里，玉堤，玉村，玉田，玉入，児玉等々，拾いあげるときりがない．これらの地はすべて玉（ぎょく）に縁のあった場所と解釈される節がある．もちろんそれに該当する地名が多いことも確かであり，否定はできない．しかし，古来の地名に残る玉（タマ）の呼称はその土地の信仰神につながる，すなわち，タマ（霊魂）に起源するものも少なからずあるはずであり，むしろそのほうが自然のように思える．山梨県には特に「玉」を冠する地名が多く，丸石道祖神が700か所近くもある（図1-1）．

図1-1 丸石道祖神（山梨県七日市場中祖）

中世〜近世

玉佩を主体とした玉文化の隆盛は古墳時代までに終わり，その後は急速に衰退へ向かった．一方，飛鳥・白鳳〜天平時代に勃興した仏教が水晶や瑪瑙の宝珠や数珠を求めたことから，古代の玉作技術がこの仏教文化に引き継がれ，玉石工芸品（櫛，硯，置物など）となって生活のなかで花開いた．これに対して，水晶を代表とする球玉は当初，祭祀・神事のような庶民生活からやや乖離した世界において特別な存在意義を見出し，その後次第に一般生活や文化のなかに浸透してゆく．

〈仏教と水晶球〉

仏教で「球玉」から連想されるのは，宝珠を携えた龍像である（図1-2）．これは海中の龍王が所持する諸願成就の3つの宝珠を釈迦が求めて艱難辛苦するという仏教説話から出たもので，能楽の「海士」もこの法話を題材としている．シルクロードの要衝都市クチャの郊外にあるキジル石窟第38窟の壁画（6世紀）には，宝珠を掌持する釈迦像が描かれている．わが国でも京都鹿王院秘蔵「如意宝珠（重用文化財）」，奈良薬師寺の吉祥天像が左手に宝珠をあげる絵像（国宝），あるいは平家納経「提婆品」の見返し絵（国宝）にも

図1-2 「玉を追う龍」のレリーフ（台湾・日月潭）

第1章　球体の文化と歴史 ────── 9

宝珠を捧げる龍女が描かれているように，宝珠の画像は数多い．また，初期の水晶球玉の例には，法隆寺献納宝物の水晶球玉（火取・水取玉），正倉院宝物の水晶球玉，春日大社の水晶球玉（平安時代）などがあげられる．やがて水晶をはじめとする貴石の球玉は，信仰，祭祀，占呪などのためのご神宝，数珠，飾りとして庶民生活のなかに徐々に浸透していった．代々伝わる生活風俗の一例に，500年の歴史をもつ陽玉(おだま)と陰玉(めだま)を競り子たちが奪い合う筥埼宮(はこざき)（博多）の「玉せせり」神事や，子宝・安産を願う子産石(こうみいし)（三浦半島など）の丸石信仰があげられる．

〈甲州における玉作〉

古代玉造の伝統が中世の玉磨(たますり)に伝承され，京都と出雲の玉工師による水晶を主体とした玉作体制が近世まで続いた．甲州にこの玉作の技法が伝えられたのは意外に新しく，江戸末期（1830年代）になってからである[2]．明治になると清（中国）などへも研修生を派遣（1874（明治7）年頃）するなど，水晶加工を甲府の地場産業に育てるための努力が払われた結果，この地に玉作技術が根づいた．その結果，甲州の玉工師たちが数々の水晶の銘玉をつくるようになり，ウィーン万博（1873年）へ水晶球玉を出品して国際的にも有名になった．現在，アメリカのスミソニアン博物館には世界一大きく透明と謳った水晶球（直径 $12_{7/8}$ インチ，重さ $106_{3/4}$ ポンド）が展示されている（図1-3）．説明書には，ミャンマー産の水晶原石を中国でカットし，日本で磨いて仕上げ，玉作に要した期間は18か月と書かれている．おそらく磨きは甲州職人によって行われたに違いなく，この研磨技能は今日までこの地に継承された．このような経緯を経て確立した水晶加工業という山梨県の地場産業がレンズの内需・軍需の追い風に乗ったのは19世紀も後半になってからであり，その流れが当地に宝飾産業を生み出し，光学レンズや水晶振動子加工など現代ハイテク技術を支える下地を築いた．

図1-3 世界一大きく透明な水晶球
（スミソニアン博物館）

現代

　古来，透明な水晶球は瞑想や占いやご託宣に使われ，水晶球を身につけると幸運や活力を招くと信じられてきたが，この思いは今も変わらない．乾いた慌ただしい世相であるからこそ，不安や焦燥感を抱えた多くの現代人が，癒しを求めて霊的パワーを秘めた球玉にひかれるのであろう．東京・原宿にある竹下通りという若者の街にもパワーストーンの球玉を商う店がある．何とも不思議な光景である．さらに，球体に対する趣味・思いが高じ，球玉ビジネス（美術工芸・インテリア・装飾・アクセサリー・健康グッズ）の起業に至ることも珍しくない．水晶丸玉は最もポピュラーな磨き玉類のひとつで，数万〜数十万円と高価である［コラム1］．

第1章　球体の文化と歴史 ──── 11

コラム1

球体に乗るフォルトウナ像

　ローマ神話に，球体に乗るフォルトウナが出てくる．水晶球は幸運をもたらし，未来を映し出す鏡という神頼み的な日本人の気質に対し，同じく繁栄・富を象徴する女神であるフォルトウナ（英語 Fortune「幸運」の語源）の像が球体に乗った姿で描かれているが，その意味するところは不安定に変転する運命の玉乗りを自力で演じているという現世的思想である．同じ運命を左右する球体でも，その球の比喩するところに東西の思想の違いが象徴的に表れている．

球体に乗るフォルトウナ

　球体は現代生活のなかで大きな役割を果たしている．ビーズネックレス，飾り玉，モニュメント，アートなどの球体造形品を各所で目にするし（図1-4），「球体」や「丸石神」をテーマにした美術展も催されている．出品作家の創作意図に触れ，自然や宇宙を瞑想し，癒しを求めるのも現代人の心性かもしれない．新宿都庁街の一角に，"江戸の恩猫「玉ちゃん」"という玉を抱えた猫の石像がある（図1-5）．戦いに敗れた太田道灌が猫に助けられたという言い伝えにより，この猫が江戸の守り神になり西光山自性院（豊島区）猫地蔵堂に祀られていることなど知る人も少ないが，林立する高層ビルの谷間にあって心なごむ石像である．

ビーズネックレス

飾り玉

アート

モニュメント

図1-4 現代の球体文化

図1-5　江戸の恩猫"玉ちゃん石像"

図1-6　球体ディスプレイ "ジオ・コスモス"（日本未来科学館）

世界最初の球体ディスプレイ（直径6.5 m）"ジオ・コスモス"（図1-6），水圧で浮上回転する直径1.25 mの御影石球（大垣市スイトピアセンター），直径2.5 mのガラス製大地球儀（広島市ガラスの里），直径1.8 mの御影石のサッカーボール（カシマサッカースタジアム）など，巨大球モニュメントも各地で目にすることができる．もちろん，遊戯やスポーツ，球玩具・遊具でも，球体はわれわれの現代生活に深く根づいている．

2. 玉作の歴史

攻玉の起源
〈玉(ぎょく)の盛衰〉

　「攻玉」の原義は『詩経』（殷から春秋時代までの詩を編集した中国最古の詩集）にあり，"玉を磨く"ことである．後に転じて"知徳を磨く"という意味も含むようになる．太古の昔から攻玉は，人類の文化的営みのひとつであった．中国では紀元前2000年以上も昔，殷，周の時代にすでに祭祀用の優れた玉器，玉衣，玉具剣などが生まれている．

　日本における攻玉（玉作）の起源は，三内丸山遺跡（青森）で出土した6 mm前後の翡翠小玉の例に見るように，旧石器時代後半から縄文時代に遡る．その主体は玉佩（身にまとう装身具），すなわち垂飾（首飾り，耳飾りなど）のための管玉，丸玉，勾玉などの玉類である．なかでも勾玉は世界に類を見ない日本独自の玉形体であり，三種の神器のひとつでもある．その形体の出自については諸説紛々で（日神〈鏡〉・月神〈勾玉〉説，獣牙起源説，釣針起源説，胎児起源説，等々[3]），未だ定説はない．モース硬度7に近い翡翠原石を滑らかな球玉に磨きあげ，さらに見事な穿孔まで施していることには，驚くばかりである．この技術は中国から朝鮮半島を経由

して出雲に伝わったとされるが，遣唐使がもたらした中国の玉工芸品を手本にしたことも考えられる．古代には玉作の拠点が大和，出雲にあった．弥生時代後半の大規模な水晶玉の工房と思しき場所が奈具岡遺跡（京都府）で確認されている．出雲の玉作遺跡は弥生時代のものが4, 5か所，古墳時代のものは50か所以上も見つかっている．今でも出雲には玉作にまつわる地名や神社が散在する．古墳時代に至って大和朝廷が玉作の官営化を図り，その組織的な生産体制（玉造部）を確立したことが『日本書紀』から読み取れる．そこでの玉作工程は，おそらく図1-7のようであっただろう．「攻玉」の技はやがて，水晶や翡翠，琥珀，瑪瑙などの宝珠や数珠，玉器の生産を支えることになる．

　翡翠や碧玉の玉佩を中心としたわが国の玉作は古墳時代まで隆盛を極めたが，なぜか6世紀後半（奈良時代）を境に衰退し[4]，水晶，ガラス，瑪瑙，琥珀，蛇紋岩などの玉器へとその対象が移っていった．一説では，玉（翡翠）材の枯渇がその理由にあげられている．さらに平安時代に入ると，玉作は仏教祭事のための水晶・ガラス宝珠，数珠など，丸玉づくりへと転換していった．勾玉，管玉を頂点とした玉の時代において丸玉は決して多くはなく，まして無孔球玉になると，たとえば小玉が正倉院御物にある宝剣の装飾（王剣首，王剣鏢）に見られるものの，その数は希少であった．したがって

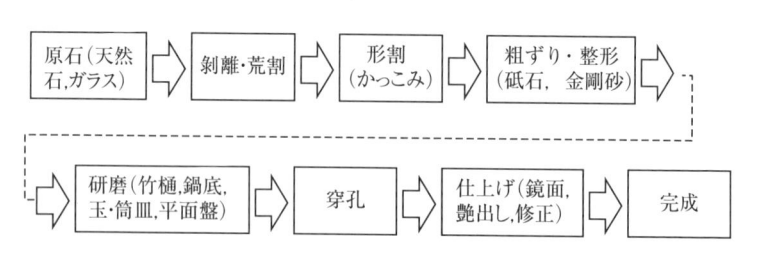

原石(天然石,ガラス) ⇒ 剝離・荒割 ⇒ 形割(かっこみ) ⇒ 粗ずり・整形(砥石，金剛砂) ⇒

⇒ 研磨(竹樋,鍋底,玉・筒皿,平面盤) ⇒ 穿孔 ⇒ 仕上げ(鏡面，艶出し,修正) ⇒ 完成

図1-7　古代の玉作工程

水晶宝珠（無孔珠玉）や数珠の登場は，球玉が玉作の主役へ浮上したことを示唆している．そして，この時期は甲州における水晶原石が記録に現れはじめた頃と奇しくも符合している．

〈玉作技術の発達〉

攻玉の技法は輝石を砥石に擦って根気よく磨くことに尽きるが，一朝一夕に会得できない高度の技能を要することに変わりはない．この球体の研磨には溝付き砥石（図1-8）や竹樋などいろいろな道具を用い，2～8寸という大玉の磨きになると数か月を要したらしい．そのため，玉作職人集団を必要としたが，それに応じることができたのは，古代からの玉造部の伝統を引き継ぐ京都と出雲に限られていたようである．良質な天然砥石や金剛砂（エメリー研磨材）の産地を近くにもつ京都は，玉磨きに恵まれていた．そこに各地で掘り出された水晶原石が持ち込まれ，玉工師によって加工されるという玉作体制が近世まで続いたのである．御岳昇仙峡金桜神社（甲府市）の銘玉「火の玉」，「水の玉」も，地元で掘り出された原石を京都へ運び，玉屋（または，多摩屋：珠玉を扱う商人）で球玉に磨

図1-8 玉磨き砥石（国学院大学伝統文化リサーチセンター資料館蔵）

図1-9 玉工師による水晶の手摺り加工[7]

きあげたと伝えられている．

　このようにして古代に発達した攻玉の技は，以後，数世紀もの間細々とではあるが絶えることなく，水晶や貴石，ガラスなどの玉磨きや珠摺りを通して玉工師（図1-9）によって継承されてきた．時代が下ると，室町末期に渡来した西洋文化に触発され，攻玉は眼鏡レンズ研磨で再び息吹き，眼鏡レンズ職人が誕生することとなる．

レンズと攻玉
〈レンズ磨き〉

　ガラスは紀元前1600年頃，すでにエジプトナイル河畔で使用されており，ペルシャ，ギリシャ，ローマへ伝わったとされている．東洋でも，漢（紀元前後）の時代にガラスは存在したらしく，隋，

唐の時代にはガラス製の玉（ぎょく）が相当量生産された．

　一方，光学の発端として，丸玉レンズを利用した集光現象が唐書に記録されている．レンズを拡大鏡として使用することはすでにギリシャ時代（2世紀頃）に知られていたらしく，1世紀頃から高まった天文学への関心がレンズの発達を促したことは十分考えられる．しかしその後しばらくは，ガラス玉やレンズにとって空白の時代が続いた．熱軟化・凝固によるガラスビーズの製法がベネチア（イタリア）で確立され，ガラス玉が再び歴史に登場したのは9世紀になってからである．13世紀頃には僧院を中心に水晶を磨いた凸レンズが拡大鏡や老眼鏡として用いられるようになり，イギリスの哲学者ロジャー・ベーコンも1270〜1280年頃に初めて眼鏡（凸レンズ）がつくられたことを記すなど，諸資料から判断すると，眼鏡の普及が1300年前後に始まったことはほぼ間違いない．当初は大変高価で，利用できるのは一部の王侯貴族に限られていたが，14世紀に入り，ベネチアンガラスの加工技術が眼鏡レンズの製造に技術移転され，ガラス眼鏡がヨーロッパの眼鏡市場を独占するようになった．15世紀の中頃になると，それまで貴重品であった眼鏡が大衆化して，需要増加に応じてレンズ量産体制が整えられると同時に，眼鏡工が公認されている．なお，望遠鏡の原理はかなり早くから知られていたものの，製作されたのはずっと後の16世紀になってからである．

〈玉工師〜眼鏡師〜近代レンズ産業〉

　日本でレンズが使われ出した時期は定かでない．1525年頃戦国大名大内義隆がフランシスコ・ザビエルから眼鏡，望遠鏡を献上されたこと，室町幕府第12代将軍足利義晴（1510〜1550年）が眼鏡を使用した日本最初の人物であること，種子島に鉄砲とともに眼鏡が伝来した（1542年）ことなどの記録から，この前後に眼鏡レンズがポルトガルからわが国にもたらされ広まったようである．当

第1章　球体の文化と歴史 —— 19

時の南蛮屏風には，眼鏡をかけた南蛮人が描かれている．ちなみに，織田信長や明智光秀が眼鏡をかけていたとの風聞もある．国内に現存する最古の眼鏡は，徳川家康が使用したガラス眼鏡（静岡県久能山東照宮蔵）とされている．

　国産眼鏡レンズが製造されるようになったのは，1600年代初頭からで，以来，眼鏡レンズの研磨が玉工師の手で次第に行われるようになった．当時，輸入品であるガラス（ビードロまたはギヤマンと呼ばれた）が手に入りにくいため，最初の頃には国産眼鏡に水晶レンズが用いられ，老眼鏡としてかなり普及していたようである．寛永年間（1650年前後）に清（中国）から眼鏡の製法が伝えられたこともあり，元禄時代（1700年前後）には京都に相当数の眼鏡師が活躍し，滝沢馬琴も水晶の眼鏡を愛用したという．シーボルトの御用絵師，川原慶賀筆の絵（図1-10）からも，当時の眼鏡屋のレンズ磨きの様子を垣間見ることができる．このように，京都，大坂，江戸において伝統的な玉作を生業とする玉工師が眼鏡玉磨き

図1-10　眼鏡玉工師（川原慶賀筆）

（眼鏡師）に転身し，名工といわれる技能を誇る眼鏡師まで現れた．

　維新後，1873（明治6）年，ウィーン万博へ派遣された朝倉松五郎（江戸一市井の玉工師）が西欧のレンズ製作や眼鏡技術を習得し，加工機械まで購入して帰国した．朝倉松五郎は徒弟を集めてこの習得した技術の教育・伝習に努力した結果，後年，わが国レンズ加工技術の指導者の多くが，この人脈系列から輩出されている．朝倉松五郎が世に残した『玉工伝習録[5]』が玉研磨の極意書となって，わが国におけるレンズ加工技術の近代化に大きく貢献した．その書によると，朝倉がめざしたのは，職人による研磨の手練技を器械化することであった．現代にも通じる卓見である．ともあれ，玉工師・眼鏡師の伝統が明治維新後，わが国レンズ工業の誕生を円滑に導いたのである．

　その後，1897（明治30）年頃から砲兵工廠にレンズ製造部がつくられるなど，レンズの製造も組織化され，地場の玉工師が採用され，その進歩を支えた．昭和に入り各種光学製品の国産化のため，東京光学（現（株）トプコン），日本光学（現（株）ニコン）などレンズ製造企業が軍の要請に応じて設立され，カメラをはじめとする近代光学産業発展の礎となった．

転がり軸受と近代産業

　球玉の加工技術やその利用を振り返ると，古くは石器時代の狩猟用円礫（投弾）から戦闘武器としての投石機用石球弾，時代がかなり下って火縄銃の弾丸，転がり案内用の球体など，近世に至るまでほとんど散発的な出来事のみである．石臼型ボールミルで径40 mmϕほどの石球を製造する技術が1683年以来，今日まで伝わっていることは，きわめて稀な例にすぎない（オーストリア）[6]．図1-11は貴石球玉を仕上げ加工している研磨工のイメージを描いたものであるが[7]，装飾品として用いるのがせいぜいで，球玉がそれ以

図1-11 貴石球の成形加工(ドイツ,フランス)[7]

外の技術対象になることなど考えられなかった．ところが，19世紀に生産されはじめた回転軸用部品として欠かせない玉軸受が，やがて近代産業の飛躍的発展に大きく貢献することとなる．

〈玉軸受の誕生〉

紀元前1世紀頃，ケルト人はすでに転がり軸受の原理を利用していたと伝えられる．また，ローマの近郊から発掘された1世紀頃の青銅製の玉とコロは，ローマ時代の船舶用旋回座軸受(トラニオンタイプ)の転動体と推定されている．このように球体の転がりによって摩擦力を大幅に低減できるという知恵は，かなり昔から経験的に知られていた．球体の転がり機能を玉軸受という今日の姿に実体化したのが，図1-12に示すレオナルド・ダ・ヴィンチ(1452-1519年)の『マドリード手稿』にあるスケッチ[8]で，彼は木製の玉軸受を想像していたようである．以来，断続的ではあるが，18世紀に至る

までの約300年間,木,石,鋳物製の球体を用いた玉軸受は細々と生き続けた.たとえば,車輪や水車・風車の回転軸に用いられた鋳鉄製スラスト玉軸受(1730年頃),エカテリーナ女帝がピョートル大帝像建設を企図して,1300トンもの花崗岩を運搬するのに採用した直動玉軸受(球は黄銅製,軌動面は木製)などがある[8].当時,転がり軸受のための金属製粗球は,砲丸・砲弾の鋳造技術を応用して製造できたものと推定される.

図1-12 玉軸受のスケッチ(ダ・ヴィンチ『マドリード手稿』より)[8]

風車・水車に利用された転がり軸受は,やがて馬車,自転車,自動車,鉄道など近代の産業用機械部品としてその機能を発揮することになるのだが,ともあれ,玉軸受の技術を大きく飛躍,発展させるきっかけになったのは,1818年,カール・フォン・ドライス(ドイツ)により発明されたハンドル付き自転車,ドライジーネであった.

〈欧米の自転車・自動車産業〉

玉軸受は車輪の回転にとって命といえるほど重要な機械要素であるため,近世の主要交通手段である馬車にこの利用を企てたのは当然のことであった.19世紀に至り,この玉軸受の開発の決定的推進力となったのが,ヨーロッパにおける自転車産業の勃興と興隆である.当初,自転車には平軸受が使われたが,19世紀の中頃から,

第1章 球体の文化と歴史 —— 23

玉軸受に関する特許が出願されはじめるなど，次第に玉軸受が自転車とのかかわりを深めるようになる．やがて1860年頃には，欧米で自転車産業がその大量生産を競い合うまでに成長したが，このように自転車の大量生産への道をひらき普及を早めたのは，ひとえに玉軸受の功績による．

　当初，自転車産業では，玉軸受はもとよりすべての部品が自転車メーカーの社内製造に頼っていたようであるが，1890年代初めには玉軸受の専業会社がイギリスで設立され，ほどなく自転車用鋼球の多くをイギリスが製造し，ヨーロッパ大陸に輸出する構図となった．当時，軸受鋼球の製造法として，丸棒材からの切削加工が主流であった．そのような鋼球はもろく，不ぞろいで，強度的に劣るのは当然である．一方，F. フィッシャー（ドイツ）は外部からの調達に頼らず鋼球を製造しようと考え鋼球製造機を製作し，車軸受用の鋼球を生産しはじめた．そしてその後，多くのすぐれた研削盤が転がり軸受製作のために開発され，さらに特殊鋼の導入と精密製造工程の確立が玉軸受の性能を飛躍させた．

　自転車に遅れることわずか20数年，ダイムラーによるガソリンエンジンの発明（1884年）を契機に，自動車産業の勃興を見ることとなった．自動車にとっても転がり軸受は自転車以上に欠くことのできない要素部品であった．自動車にとって幸運だったのは，先行していた自転車産業で培われた転がり軸受と空気入りタイヤをそのまま技術移転できたことである．馬車製造会社であったGMが自動車製造に転身したのは1908年である．以来，世界の自動車産業の頂点に立ち続けたが，ちょうど1世紀を経た2009年，破産法を申請しその座を降りたのは，アメリカ自動車産業の凋落を象徴的に示す出来事であった．

　ヨーロッパの玉軸受製造会社の多くは，19世紀末から20世紀初頭に設立された．すなわち，自動車産業の発展と同時期に，今日，

総合的な軸受メーカーで知られるTIMKEN（アメリカ）が1895年に創業し，それに続いて転がり軸受を専業とする製造企業，NDH（アメリカ），SKF（スウェーデン），FAG（ドイツ）が次々に参入し軸受産業が栄え，今日に至っている．

〈日本の自転車産業〉

自転車が日本に入ってきたのは鉄道（新橋～横浜）が開通した1872（明治5）年頃，アメリカからとされている．明治維新後，自転車の輸入をきっかけに自転車の国産化の気運が高まり，1887（明治20）年頃，浅草に帝国自転車製造所が設立されたと伝えられるが，このあたりの事情ははっきりしない．

日本における初期の自転車製造と鉄砲鍛冶は浅からぬ縁で結ばれていた．これはイギリスをはじめとするヨーロッパでも事情は同じであり，製銃工場が自転車生産へと転身している．おそらく野鍛冶に比べ，鉄砲鍛冶はすぐれた銃身の火造り技術をもっていたからであろう．なぜなら自転車フレームの強度と軽量化にとって継目なし鋼管はコア部品のひとつであり，鋼管製造技術に自転車メーカーが鎬を削っていたからである．鉄砲鍛冶にとって銃身をつくる技術を自転車フレームパイプの製法（鉄板を芯がね鉄棒に巻き付けて蠟付けする）に応用できたのであろう．

日本の鉄砲鍛冶の双璧は，堺（摂州）鍛冶と国友（江州）鍛冶である．幕末になると，時代遅れの火縄銃は輸入された元込め式の洋式銃にその座を奪われ，1871（明治4）年の廃藩置県とともに鉄砲鍛冶は藩の扶持を離れることとなった．そして，失職した鉄砲鍛冶職人が堺に集まり，初期の自転車部品の製造に携わることとなり，その結果，堺には自転車部品の製造業が興った．1896～1899（明治29～32）年頃のことである．その象徴的存在である宮田自転車製造所の創業者宮田栄助の出自は国友鉄砲鍛冶であり，後に笠間藩のお抱え鉄砲鍛冶となるが，維新後の変転は次のように目まぐるし

かった[9]．

　　鉄砲鍛冶職人 ⟶ 人力車製造 ⟶ 砲兵工廠（歩兵銃の生産，西南戦争）⟶ 製銃工場（宮田製銃所：猟銃製造，1881（明治 14）年に自転車修理も兼業）⟶ 自転車製造（1890（明治 23）年に宮田製作所，1902（明治 35）年に宮田自転車製造所，昭和 30 年代にナショナル系列に吸収され宮田工業(株)となる）

　宮田栄助が 1 か月がかりで試作した 1 号機の部品（パイプ，鋼球，チェーン，サドル，スポークなど）はすべて自製されたが，タイヤだけは輸入品に頼ったようである．この国産第 1 号自転車（アサヒ号）の生産は，1902（明治 35）年頃から軌道に乗った．

　宮田自転車製造所と同じ頃に創業した数多くの自転車メーカー（岡本自転車，丸石自転車，ゼブラ自転車など）が，現在，わが国の自転車業界の原型を構成している．また，これらの自転車メーカーを支えるパーツの専業メーカーが生まれ，関西の地場産業として根付いたのもこの時期である．自転車業界のインテルと呼ばれる「シマノ」も，1912 年に自転車パーツメーカーの町工場「島野鉄工所」として堺市に創業している．また今日，わが国の鋼球生産を一手に握っている（株）天辻鋼球製作所が自転車用鋼球の製造に着手したのも 1920（大正 9）年のことであった．ただし，明治末から大正まで日本の自転車メーカーは雌伏の時期にあった．第 1 次世界大戦が契機となり，大正から昭和にかけて日本の自転車産業が飛躍的に発展したのである．

〈日本の自動車産業〉

　自動車は 1898（明治 31）年の渡来以降しばらく輸入に頼っていたが，やがて自動車製造の起業と失敗を繰り返すなかで国産化の意識が徐々に芽生え，大正時代には自力での試作が単発的に行われるようになった．宮田製作所の「旭号」と快進社の「DAT 号」はこの歴史の一頁を飾った車で，ちょうどこの時代が国産車の黎明期で

ある．明治末から大正にかけて，軍用自動車の需要が国産自動車振興の国策を生み，次第に，自動車が主要な交通手段として社会の認識を得るようになった．本格的な国産車の量産に乗り出したのは満州事変（1931（昭和6）年）後，軍需産業保護政策のもと，日産自動車，トヨタ自動車，ヂーゼル自動車工業（現 いすず）の登場からである．なお，これに先立ち，自動車産業を支える転がり軸受専業メーカー（日本精工（株）1914（大正3）年，東洋ベアリング（株）1918（大正7）年，光洋精工（株）1921（大正10）年）の支援体制ができていたのは幸運であった．第2次世界大戦によって日本の産業は大打撃をこうむるが，戦後，1947（昭和22）年に乗用車の生産が再開され，航空・軍事技術を民生産業へ転嫁，集中させたことによって1950年代から急成長を遂げ，わが国は自動車とともに世界有数の転がり軸受生産国へと再生を果たしたのである．

3. 生き続ける玉作の伝統

日本はこれまで，外来技術による3度の大転換を経て飛躍を遂げた．1度目は飛鳥・奈良時代の中国，朝鮮から，2度目は戦国末期〜江戸初期の西欧から，そして3度目が幕末〜明治における欧米からの科学技術の移植である．移入された技術と固有の玉作技術の絶妙な相乗効果が，わが国のものづくりの高い技術水準を築きあげたといえるだろう．たとえば今日，日本のGDPの約1割，数十兆円を稼ぎ出す自動車産業は，明治維新後の混乱期にわれわれの先人が志した自転車・自動車の国産化と，それを可能にした鋼球製造技術のもと成長を遂げた成果であり，それを支えた技術者をたどると，幕末の玉工師と鉄砲鍛冶にゆきつく．同様に，オプトエレクトロニクスの基盤である光学技術分野でも，その源流をたどると古代の攻玉，玉作まで時代を遡り，そこから派生した京都の玉工師による眼

表1-1 球体の技術史

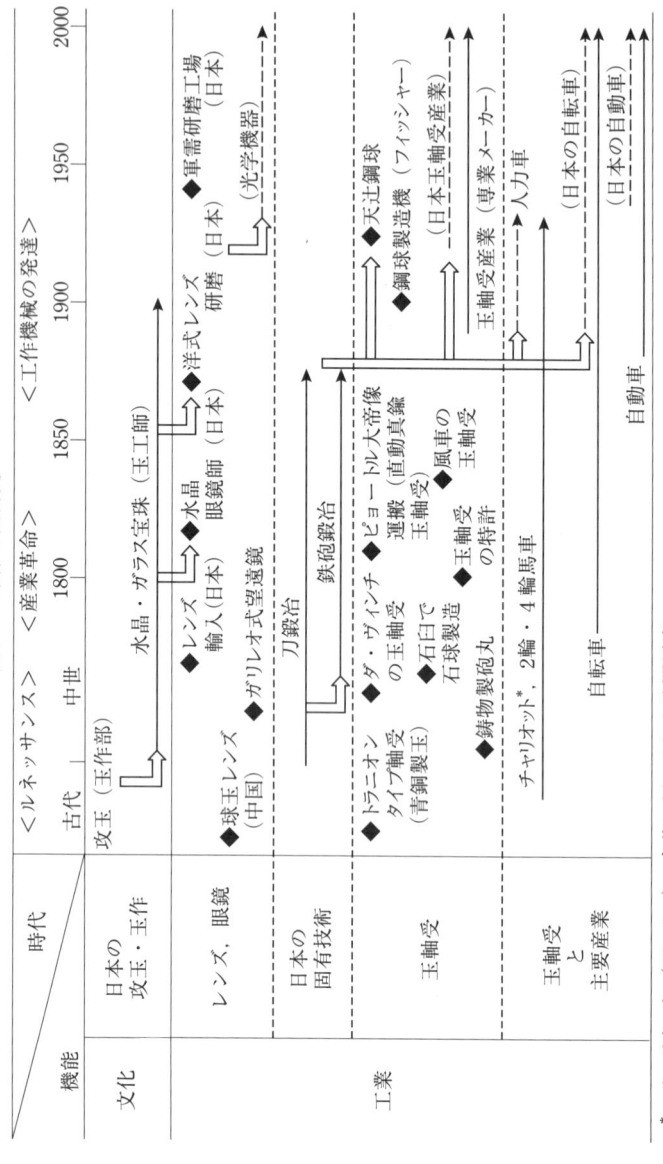

機能	時代	<ルネッサンス> 古代　中世	<産業革命> 1800　1850	<工作機械の発達> 1900　1950　2000
文化	日本の攻玉・玉作	攻玉（玉作部）	水晶・ガラス宝珠（玉工師）	
	レンズ、眼鏡	●球玉レンズ（中国）	●水晶●水晶眼鏡師（日本） ●レンズ輸入（日本）　ガリレオ式望遠鏡	●洋式レンズ研磨 ●軍需研磨工場（日本）（光学機器）
工業	日本の固有技術		刀鍛冶　鉄砲鍛冶	
	玉軸受	●トラニオン タイプ軸受（青銅製玉）	●ダ・ヴィンチの玉軸受　●石臼で石球製造　●鋳物製砲丸	●ピョートル大帝像（直動軸受）運搬　●風車の玉軸受の特許	●天辻鋼球　●鋼球製造機（フィッシャー）
	玉軸受と主要産業			玉軸受産業（日本玉軸受産業） 玉軸受産業（専業メーカー） 人力車 自転車　　（日本の自転車） 自動車　　（日本の自動車）

*チャリオット（Chariot）：古代に用いられた戦闘馬車

表1-2 人工球体の機能と用途

分野		機能	用途
社会・文化	装飾、神事	シンンボル、平滑、輝き	宝石、首飾り、数珠、石球モニュメント
	遊戯、スポーツ	運動の自由度・平滑性	球技（サッカー、野球、砲丸投げ）、ビー玉、パチンコ、食品（仁丹、飴玉）
科学・工学・技術	機械要素	運動の自由度、伝達	ベアリング、トラックボール、フレキシブルジョイント、駆動機構、ボールバルブ、ボールペン、ジャイロ、カルボン球
	測定	体積・寸法、電気、磁気、力学	アボガドロ定数測定用 Si 球、水密度測定用標準球、地震計、マスターボール、サイジング、探査ボール球ギャップ電極、ボール式 V ブロック、半田ボール、SAW センサー、測定子（ゲージチップ）、球面
	光学	反射、屈折	球レンズ、積分球、ライトペン、キャッツアイ、光ファイバーコネクター、コンデンサーレンズ、スクリーン、ミラーボール、水質検査用ファイバーセンサー、光ファイバー屈折計、流量指示球、球体ディスプレイ（超広角レーザー反射鏡）、光反射標識、液晶スペーサー、アプリケート、マウスボール
	接触	気密性、接点、スペーサー、接着	ボールバルブ、チェックバルブ、安全弁、工業用プラスチック中空ボール、掘削機、キーボード接点
	構造	強度	タンク、潜水艦のコックピット、LPG 船、衝撃緩衝中空球
	運動	撹拌、粉砕、輸送	ボールミル、天然ガスパイプ、ドリル先ビット
	医療	化学	ラテックス、ガス吸着ビーズ、イオン交換樹脂球、濾過用球
	加工	衝撃	バニシング鋼球、ブラストショット、水管内清掃用球
	その他	音響、エネルギー、磁気、核融合、他	防音用球壁材、微小球状太陽電池、トナーのキャリア、レーザー核融合ターゲット用中空ガラス微小球

第1章 球体の文化と歴史 ——— 29

鏡レンズの研磨技術が温床となって，今日，花開いている．

　このように玉作にかかわる長い歴史を背負うわが国の工業技術ではあるが，球体は相変わらず地味で目立たない．しかし，玉作技術が日本の「ものづくり」において歴史的に貢献し，今も少なからぬ影響力を及ぼしていることはまぎれもない事実である．日本技術史の潮流の深層には表1-1に見るように，攻玉を原点に眼鏡レンズ，玉軸受を介して常に球体がからんだ技術が流れていることを，忘れてはならない．

　レンズと玉軸受以外にもまだまだ多くの球体テクノロジーが現代技術に生かされており，それぞれ違った玉作技術の難しさを抱えながら，その研究・開発が地道に続けられている．今日，活用されている球体テクノロジーとその用途を表1-2に一覧しておく．現代技術にとって球体テクノロジーはひとつの技術分野を占めていることを，この表から再認識して頂けるだろう．

　この表から注目すべき球体テクノロジーのいくつかを選び，以下の章で紹介する．

第2章
球体とは

　"球体"が多様な工業製品の一部品となって社会に広く取り込まれてから，まだ1～2世紀を経たにすぎない．この間，球体の製造技術に対し地道に取り組んだ企業があったものの，その進歩は遅々としていて，ましてや，球体を学問の対象にとりあげ，特筆できる成果をあげた例など，過去にはほとんど見当たらない．ところが，球体の果たす工業的役割が増すにつれて，球体の物理・工学特性に対して徐々に関心が向けられるようになった．たとえば，アメリカのGEやベル研究所からの技術報告書が球体の造形技術について言及したのは，20世紀も中頃のことである[10]．おそらくフェライトなど磁性体の素材開発にあたりその磁化特性を判定するために，テストピースを球体に成形する必要に迫られたのが動機であったようだ．

　以来，球体の科学技術が少しずつ体系化されている．本章では，球体に関してすでに知られている基本的知識を整理しておこう．

1. 球体の幾何学的特徴

物の形は，物理機能（光学，電磁気など），工学特性（接触，反発など），文化・審美性（宝飾，加飾など）を生み出す本質である．それゆえ，球体を幾何学的に分析することは，その特性を知るための前提である．

立体は面パッチからなる多面体

どのような立体でも面パッチを貼り合せることで，近似的にモデル化できる．曲面は図2-1にあげたように，線識面（含 平面）と複曲面に大別される．前者は直線（母線）群によって構成されており，人工物の造形技術が得意とするものである．これに対して後者は，複雑な自由曲線の集合からなる一般複曲面と呼ばれるもので，自然物の形体に対応する．球体は複曲面に属するものの，一般の自由曲面とはかなりその趣を異にしており，円弧の回転によって創成される円識面であることを考えると，線識面にも通じる特殊な形体であることがわかる．球体が自然物と人工物の両者に帰属するわけが，この分類からもうなずけるであろう．

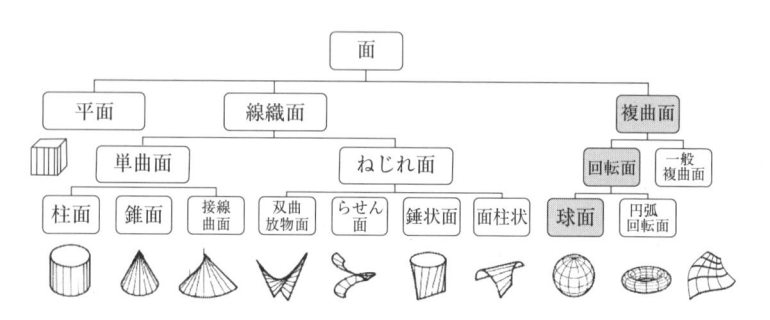

図2-1 「面」の分類

数学による球の定義

3次元ユークリッド空間において,球体とは「ある1点(球の中心)から等距離(半径r)にあるすべての点の集合である球面とその内部にある点からなる集合」と定義される.この直交座標系の原点を中心として,半径rの球面方程式は次式で表される.

$$x^2 + y^2 + z^2 = r^2 \quad \text{---(1)}$$

上式は,"球体がその中心に関して点対象である(どの方向から見ても丸く見える)"ことを示している.そして,唯一の変数である"半径r"によって完全にその立体を特定できることは,球体はすべて相似形であることを意味しており,円周率πという不思議な定数によって,どんな大きさの球体でも,すべて次のようにその形体特性値を計算できる.

外周 　　$L = 2\pi r$
表面積　$S = 4\pi r^2$ 　　---(2)
体積 　　$V = (4/3)\pi r^3$

このように幾何学的に単純明快の極致である球体は,対称性を指向しながら変分原理に従って収束する自然の造形摂理にかなっている形である.

2. 球体を科学する

球体と物理現象

球体はその幾何特性を利用して,科学の世界で重要な役割を果たしている.すなわち放電や磁化などの電磁気現象,光学現象,接触変形や衝突反発などの力学現象,あるいは計測用センサーや試料形状などには,球体を用いることでその理論化や解析を容易にできるため,研究の手段として活用されることがしばしばである.代表的な事例のいくつかを次にあげる.

- 高電圧測定——2つの大きな球状電極（銅，真鍮製）間に電圧を印加し，その球ギャップの間隔と空中放電開始電圧との関係から数 kV～数千 kV の高電圧測定に用いられる［コラム 2］．
- 磁化測定——物質の磁化特性は磁力計によって測定されるが，反磁界係数値が形状に敏感に影響するため，そのデータはきわめて扱いにくい．この磁化特性値を理論的に分析できる稀少な形状が球体であることから，計測には球体試料が用いられる．
- 光学レンズ——凹凸レンズ（部分球体）やボールレンズ，積分球は球体の集光，結像などの光学特性を利用している．なお，積分球とは高い反射率の内球コーティング面をもつ中空金属球体であり，レーザー入射光が内面で反射を繰り返した後，集積して出力され，光ファイバーや各種結晶などの透過率や損失などの測定を行う機器である．
- 反発係数——固体の反発係数の計測に球状試料が供される．反発係数は物体の跳ね返り性を知る指標になることから，使用するボールや球の反発特性が勝敗を微妙に左右するような球技スポーツ（卓球など）や遊戯（ビリヤードなど）では，競技ルールによって使用球の反発係数値が規定されている．
- 弾塑性接触理論——球体の弾塑性接触理論は，材料力学現象のモデル解析にとって有力な理論根拠となる．代表的なものにヘルツの球体弾性接触理論やグリーンウッドの塑性指数などがあり，機械設計はもとより材料硬度評価，トライボロジー理論の構築などにとって，古典的な理論として重用されている．

しかし，何といっても球体が科学技術におよぼす最大の功績は，それがもたらす次の物理特性である．

① 超精密な体積測定
② 最大の比表面積
③ 高い空間充填率

これらは見落とされがちな，しかしきわめて重要な球体の利用価値なので，以下で説明を加え，球体の科学的意義を強調しておきたい．

---コラム2---

球体電極と高圧放電現象

電・磁気的な特性を生かした球体の用途に，高電圧測定用の球状電極（高電圧測定球ギャップ）があげられる．2つの球状電極間に電圧（直流，交流，衝撃電圧）を印加するとき，そのギャップ長と火花放電開始電圧の間には因果関係が成立する．そこで，この関係式を用いて，放電開始のギャップ長さから高電圧値（2.4〜3 000 kV）を推定することができるのである．JIS C 1001で定められている標準球ギャップは，高電圧測定のための校正に使用される（下図）．このギャップ球の仕様は次のとおりである．

- 球径——20 ± 0.2〜2 000 ± 40mm
- 電極材質——銅，真鍮
- 表面——磨いた滑面（あるいはメッキ処理）で，清浄であること

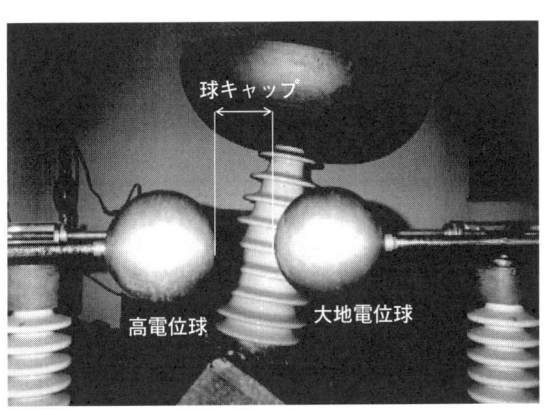

水平型球ギャップによる高電圧の測定

超精密な体積測定

　球体は唯一の変数（半径 r）によって，その形が決定される．ちなみに立方体の定義には，6つの変数（3辺とその頂角（α, β, γ））を要する．したがって，球体では半径 r を与えれば式(2)によってその体積を確定できるのに対し，立方体では6つの数値が決定されて初めてその体積が算出されることになる．より具体的に球体の効能を示してみよう．

　今日の測定技術をもってすれば，球体の半径（長さ）を有効数字5桁で測定することには何ら難しさを伴わないが，このことは真球の体積を有効数字4桁以上で確実に特定できることを意味している．ところが，先の立方体の例に代表されるような定義変数が多い一般の形体の体積を有効数字4桁の精度で保証するには，その定義変数値をすべて有効数字5桁以上で求めなければならず，現実には至難の技なのである．球体体積の高い測定精度を利して，アボガドロ数の確定（有効数字7桁）にシリコン単結晶の球体が利用されているが，この話題については第3章で詳しく述べる．

　なお，上記の論理は球体が理想の真球であることを前提としているのだが，幸いなことに，あらゆる立体のなかで最も高い形状精度を実現し得るのが球体なのである．次章で触れるが，昨今の超精密・ナノテクノロジーといわれるハイテクの製品よりさらに1～2桁高い形状精度に加工整形できるため，球体そのものが最高級の寸法基準ゲージとして利用されるのである．

最小の比表面積

　比表面積とは「体積当たりの表面積」のことである．球体はこの比表面積を最小にするための究極の形体である．このことは，水銀が表面エネルギーの最小化を指向して球状化することの理由でもある．表面張力という自然摂理によって溶融物質が無重力下で凝固す

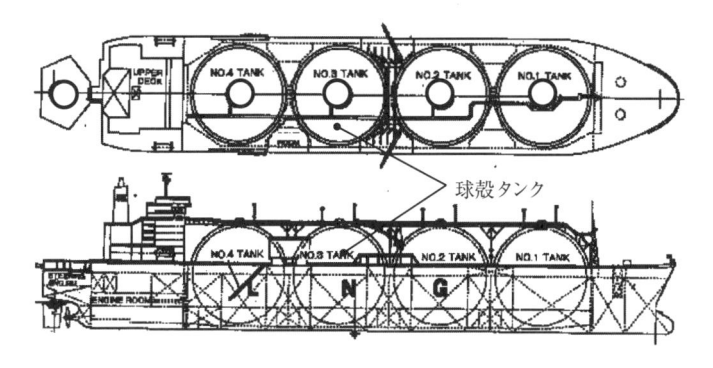

図2-2 LNG船の構造

るときに完全球体化することになり，この造形原理がマイクロスフェア（微小球体）の製造に応用されている．なお，このマイクロスフェアは光学用マイクロレンズ，センサー，半導体，医療用途，レーザー核融合実験用など，技術イノベーションのシーズとして熱い注目を集めており，この話題は第5章で再度とりあげる．

付け加えると，石油精製工場，LNG船（図2-2）などでの大型貯蔵タンクが球体であることの理由のひとつは，その構造用材の使用量に対して内容積を最大にできるという経済的メリットにあり，比表面積最小という球体の特長を生かしての構造設計である．

最大の空間充填率

所定の容器に充填する物質塊の最大化を探るのが3次元詰込み問題である．一般の立体に比べその接吻数（固体どうしが1度に接することができる接点数）が多い球体（接吻数 = 12）は，所定の容器に対して最大の充填密度を期待できる．球充填の応用に関する最近の話題として，クリーンエネルギー源である天然ガスのハイドレート化輸送（凍結粉体輸送）があげられる[11]．そこでは，天然ガスを高圧・低温下で直径数十mm程度の球状ペレット化すること

によって，充填率はもとより流動性やハンドリング性を高め，輸送効率の向上を目論んでいる（図2-3）．単一粒径の球体ペレットの充填率は最密で74％（隙間26％）であるが，シミュレーションによるとランダム充填で64％（隙間36％）程度と見積られる．この充填密度差10％のガスハイドレード輸送コストに与える効果は無視できず，現実には大小2種類の粒径ペレットを混ぜて用い，その充填密度の更なる改善に努めている．

コイルの巻効率による発電能力の改善，あるいは濾過装置に球状濾過材を用いることによる濾過効率の向上にとって，技術背景にあるのは空間充填率を高めるというまったく同じ思想である．その事例のひとつに，能動蓄冷（AMR）方式磁気冷凍機における球体詰込み問題がある．磁性体に磁場をかけると発熱し，磁場を取り去ると吸熱する現象が磁気熱量効果である．この磁気特性を利用してエリクソンサイクルを描かせるのが，AMR方式の磁気冷凍機である．

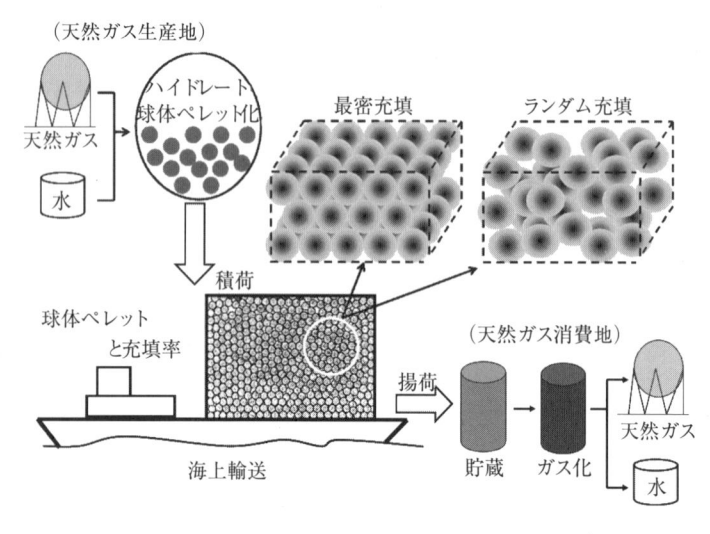

図2-3 天然ガスハイドレード輸送と球体ペレット[11]

磁気冷凍作動室には球状の磁性体と熱交換の冷媒（水）が入っている．この磁性体に磁場を与え，そこに熱交換用の水を左右から流動させ，この動作を繰り返すことで，低温端と高温端の間の温度格差が広がる．新しいヒートポンプ技術であるAMR方式磁気冷凍機は今，研究・開発の途上にあるが，従来のエアコンや冷蔵庫にとって代わる可能性を秘めており，広い応用分野が期待されている．この熱交換の効率アップにとって，磁性材料の球体化はその充填効率と水の循環量の管理にとって必然なのである．

核融合炉の固体増殖材形状も，ブランケット容器への高密度充填化を考慮して，直径$1mm\phi$程度の微小球化が望まれ，その焼結技術の開発が進められている．

自然現象でも，物質結晶構造の原子配置は最密充填に則っている．すなわち原子充填率（APF）は，面心立方格子（fcc）や稠密六方格子（hcp）の74％，体心立方格子（bcc）の68%であり，やはりこの詰込み問題にならっているのである．

1枚の布から何着の服がつくれるかという型紙問題は2次元詰込み問題であるが，この応用として，水面を最密におおう液面浮上球や分子球体膜による保温・蒸発防止対策（ダム貯水の蒸発防止など）があげられ，乾燥地帯の水資源確保にとって生活の知恵となっている．

3. 球体と工学

転がり摩擦と粘着摩擦

球体の工学用途といえば，転動体としての運動機能がまっ先にあげられる．球体の運動は，「自由転がり」と「駆動転がり」に分けられ，前者にかかわるのが転がり摩擦力であり，後者が粘着力である．転がり軸受に代表されるように，機械要素としての転動球体は，

ひとえに前者である小さな摩擦の自由転がり特性を活用している．一般論でいえば，自由転がり摩擦係数は滑り摩擦係数の数十分の1～数百分の1にすぎない．一方，駆動輪やトロイダル無段変速機（CVT）などに用いられる動力の転がり伝達機構は後者の粘着力に基づいている．蛇足となるが，昔のメカ時計に必須のサイクロイド歯車も転がり伝導の原理に基づいているが，このことは意外に知られていない．

　現実の回転運動性能や転がり伝動特性は球体の形状・表面精度，材質，潤滑などによって大きく左右され，摩耗に伴う転動機能の経時変化・寿命は避け難い．そこで当然のことながら，球を転動体とする機械要素では，転動球の品質と潤滑がその性能の鍵を握ることになる．転がり案内・軸受にかかわるトライボロジー技術の開発が始まってわずか1世紀足らずであり，球体の転動に関する研究課題が山積している．なお，トライボ機能とは，摩擦・摩耗・潤滑特性を意味し，これにかかわる科学・技術とその応用がトライボロジーと呼ばれる学問分野である．トライボロジーの研究対象がこれまで主として滑り摩擦に集中された感があり，球体の転がり現象について十分な解明が進んでいるとはいい難い．

真球をつくる意義

　文化的用途の球玉なら，感覚的に丸ければ事済むであろうが，工学的用途として高精度の転動運動機能を発揮させるには，その丸さの精度（真球度）が大切となる．ナノ精度（10^{-6}mm）の精密機器が珍しくない今，より完璧な真球が望まれるのは当然である．

　転動球体の真球度が工学的に果たす意義を，ハードディスクドライブ（HDD）の事例から具体的に知ることができる．HDDはコンピューターの中核となる機構装置であるばかりか，画像記録手段としてもますますの発展が見込まれている．その技術の要はスピンド

ルを保持する玉軸受にある．そこに求められる回転精度は次のようである．ハードディスクの半径方向記録密度（トラック密度）は今日，1インチ当たり80 000に達し，これはトラック幅では約0.3 µm（300 nm）に相当する．高速回転するハードディスクのトラック幅内にヘッドの位置決めを保証するには，その追従・制御特性もさることながら，回転振れ精度をトラック幅より1桁小さく抑えるスピンドル設計が前提にあり，このためには超精密玉軸受，すなわち相応する高い真球度の鋼球が必須なのである．

　精密回転機素としてばかりでなく，レンズ，物性計測，標準ゲージなど，光学機器や計測技術の世界でも真球は古くから希求の対象となっている．しかし幸いなことに，多彩な形体のなかでも他に類を見ない高い形状精度を達成できるのが球体である．簡単な研磨器具や自然の造形摂理を利用するだけで，ナノオーダーの真球度が容易に実現されるのである．たとえば，真円度測定機の精度検定用マスターボールは真球の代表的な用途であった．とはいっても，数学的に定義されるような「完全無欠な真球」は，実体としてこの世に存在し得ないわけで，人為的にどこまで真球に近づけられるかは技術者でなくとも興味津々である．今日，真球度の極値は，試作・研究のレベルでは数十nmの前半まで到達していると見られるが，産業的には玉軸受用の鋼球G3（JIS規格の等級3，真球度80 nm）が上限である．

球殻と中空小球

　日頃，生活のなかで縁深いのは中実球体である．これに対し，中空な球体には内空間をつくる必然性がわかりにくいこと，その外観のみから内空間の存在を識別できないことなどの理由もあり，技術社会においてすらその存在感は薄い．しかし工業的には，球体内部を中空にすることの意義は大きいのである．

〈球殻と耐圧容器〉

　中空な球状構造物が球殻である．球殻は安全性・信頼性に優れた形体であり，変形・応力の対称性から解析モデル化も容易であり，ヒルの球殻拡張理論をはじめその強度設計論は古くから研究の対象にされていた．また，内球容積当たりの使用材料が少ないなどの経済的な利点も有しており，人工衛星，燃料貯蔵タンク，LNG/LPG 船（図2-2）をはじめ，各種の耐圧容器の基本形体となっていることはご存知のことと思う．かつて潜水深さで世界一を達成した調査船「深海6500」（三菱重工）の乗員室は，チタン合金製厚肉球殻（内径 $2\,m\phi$，殻厚 $73.5\,mm$）で守られている．$6\,500\,m$ の海底で約 $70\,MPa$ の水圧に耐えるために，この球殻にはわずかの歪みも許されない．そのため，そこには $2\,m\phi \pm 0.5\,mm$（相対精度 10^{-4} という高い真球精度の球殻が求められた．

〈軽くて強い中空小球〉

　外径 $1 \sim 10\,mm\phi$，肉厚数十 μm，見かけ密度 $0.8 \sim 0.9\,g/cm^3$ という水に浮くほど軽量で，かつ，圧縮強度が数百ニュートンと大きな中空鉄球（図2-4）を用いたセル構造体が，比強度，衝撃エネルギー

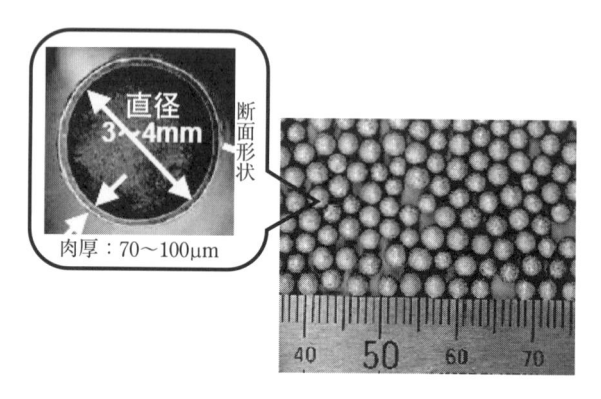

図2-4　軽量中空鉄球およびその断面[13]

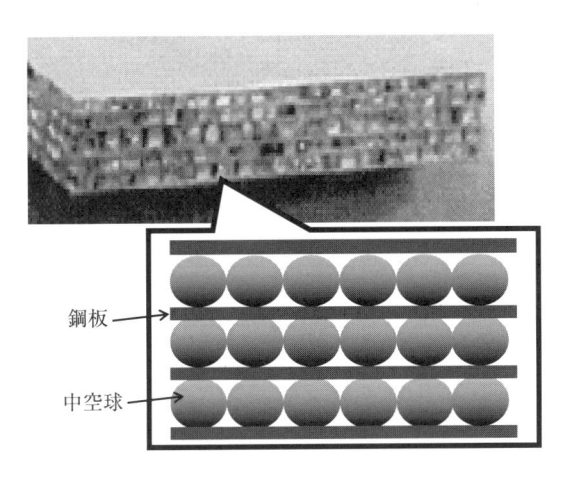

図2-5 中空鉄球のサンドイッチパネルと断面構造

吸収性,振動減衰性・防振性,防音・遮音性,断熱性などにすぐれた効果を発揮し,構造物の軽量化や高機能化に貢献している.特許公報などでも目にする金属中空球をはさんだ自動車用軽量積層鋼板が,その典型である.図2-5はこのサンドイッチパネルの断面構造モデルである[12].なお,中空金属球の加圧接着が,このようなセル構造体の組立原理である[13].

ここで知りたいのは,中空金属球の製法であろう.これまで試行されてきた製法原理のひとつを紹介する.

あらかじめ成形された球状有機芯材の表面に酸化鉄微粒子(約 $1\mu m\phi$)をコーティングする.酸化鉄微粒子は水素中で鉄の還元が進行する.還元された鉄微粒子はその表面で原子拡散が活性化し,焼結緻密化に効果を上げる.芯材の有機物は還元が始まる前に融解し,酸化鉄微粒子の間隙を抜けて放出された結果,中空鉄ビーズとなる[14](図2-6).

この製造法には,芯材として天然ガラスを用いることもできる.

第2章 球体とは ―― 43

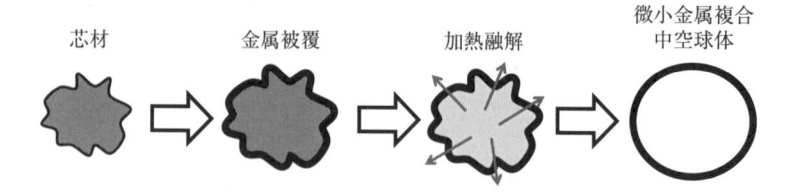

芯材　　　　金属被覆　　　加熱融解　　　微小金属複合中空球体

図2-6 微小中空金属球の製法

すなわち，ガラス芯材に金属素材を被覆し，被覆材の溶融温度以上に空中加熱することによって，真球精度・表面粗さが比較的良好な中空金属球を製造するのである．

第 3 章

真球を極める

　球体の工業利用においては，論理よりも実用性が先行してきた．なかでも，真球に近づけるほど高度な球体機能を引き出すことができ用途も広がるため，製造技術の開発が何より優先されてきた．しかし，球体の加工には従来の工作機械技術をそのまま利用できないため，単純明快な形体であるにもかかわらず，経験や技能に頼らなければならないジレンマから未だに逃れられないでいる．とりわけ，究極の真球をつくり出す決め手となる研磨法と超精密な計測技術の確立が，今日の球体テクノロジーにとって最大の課題である．

1. 球体の加工原理

工作機械の加工運動

　表面張力，化学反応，結晶成長，あるいは自由転動をじょうずに利用すれば物質は球状化するが，このような自然摂理を利用した球体造形法には，寸法（直径）の制御・管理に宿命的な弱点が残る．そのため球体の工業生産には，一般に工作機械が用いられる．工作機械とは，切削・研削や塑性変形によって素材に寸法・形状を付与する加工機械のことで，旋盤，ボール盤，フライス盤などがよく知られている．

　工作機械が機構的につくり出せる加工運動は，原則として直線運動Lと回転運動Rの2つにすぎない．したがって，工作機械が創成できる形状は，この2運動の組合せによって生まれる3種類に限られる．平面およびその貼り合せによる四面体（箱物），柱状体（軸物），そして球体がそれである（図3-1）．すなわち，

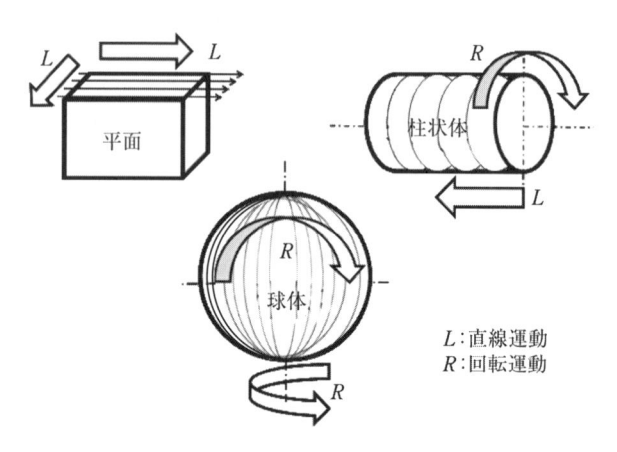

図3-1　工作機械の運動と形体の創成

- 平面——直線運動 L × 直線運動 L
- 柱状——回転運動 R × 直線運動 L
- 球面——回転運動 R × 回転運動 R

直線運動 L と回転運動 R を，加工の切削運動（主運動）と送り運動に振り分け，工具を介してその運動軌跡（ツールパス）を工作物へ転写するのが機械加工の原理であるから，その運動の組合せに応じて工作機械の種類が決定する．たとえば，旋盤（図3-2）は「$\boldsymbol{R_W} \times L_T \times L_T$」，フライス盤は「$\boldsymbol{R_T} \times L_W \times L_W \times L_W$」といった具合である（ここで，太字アンダーラインが加工機能の主体である切削運動を，また工作物（Work）と工具（Tool）をそれぞれ下付き記号：W，T で示している）．

転写加工の原理に基づく限り，工作機械の運動精度よりその加工精度が勝ることはあり得ない．このことを母子間の遺伝関係になぞらえて工作機械の母性原理と呼ぶ．具体的にいえば，工作機械の運動精度がせいぜい数μm前後であることから，それを超える高い形

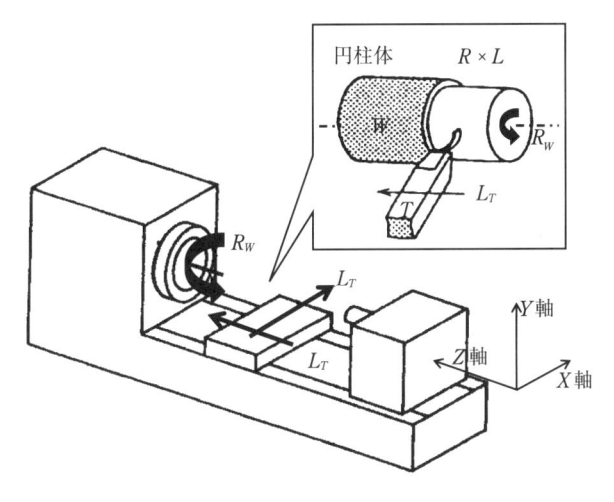

図3-2 旋盤の形体創成運動（$\boldsymbol{R_W} \times L_T \times L_T$）

第3章 真球を極める —— 47

状精度を工作機械によってつくり出すことは望めないのである．工作機械がマザーマシンと呼ばれる所以である．

球体の成形

今日，大方の工作機械はコンピューターにより数値制御（NC）される．このNC工作機械に対して，球体はもとよりどんな複雑な自由曲面でもデジタル指令によって自在に成形できるといった，万能なイメージを抱きがちである．しかし，NC工作機械による曲面加工の本質は，微視的に見ると，あくまで直線運動パルス（ΔX, ΔY, ΔZ）の合成による近似にすぎず，加工面にミクロなパルス段差（図3-3における ΔX, ΔZ）が形成されている．ただ，人間の目

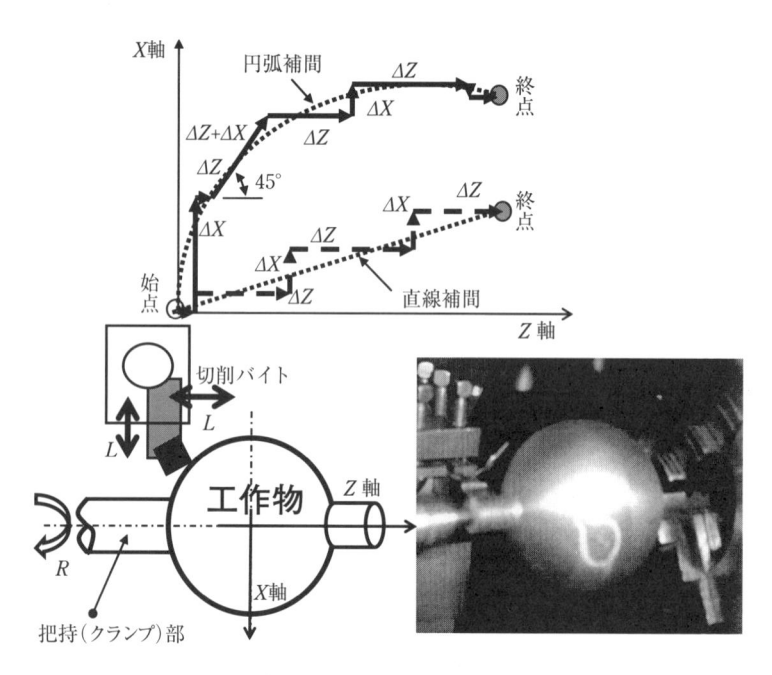

図3-3 NC旋盤による擬似球体の創成（$\underline{R}_W \times L_T \times L_T$）

がそのように微細なカッターマークを識別できないだけである．その意味では，NC工作機械は，NC機能による擬似球体の実用的な加工手段であるとしても，究極の真球を整形することは原理上，不可能である．

それでは，真球の実現にとって理想の機械加工原理とはいかなるものであろうか．それは先に示した球体の創成運動条件「回転運動R×回転運動R」に則り，1点に交わる複数軸の回転運動Rを工具，工作物，あるいはこの双方へ与えることである．これにかなう専用工作機械には，次のような機種がある．カップ形砥石を用いる球面研削盤（カーブジェネレーター）は「工作物回転運動R_W×工具回転運動R_T」という球体創成の論理にかなっており，伝統的なレンズの研削加工法として定着している（図3-4）．フライカッター（舞いカッター）を用いる球面切削加工機も，「R_W×R_T」という球面創成原理を踏襲する点ではまったく同じである．なお，「倣い方式（あらかじめ製作した成品モデルに倣って工具を動かし，工作物にモデル形状を転写する加工方式）」は自由曲面の専用加工法であり，球体の機械加工にも古くから利用されている．また，サーキュラーテーブルによる円弧切削は，最もわかりやすい球体の成形機構である（図

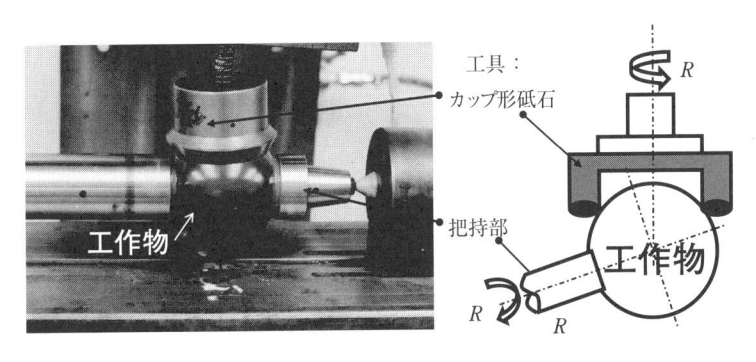

図3-4 カップ形砥石による球体の創成（$\underline{R}_T×R_W$）

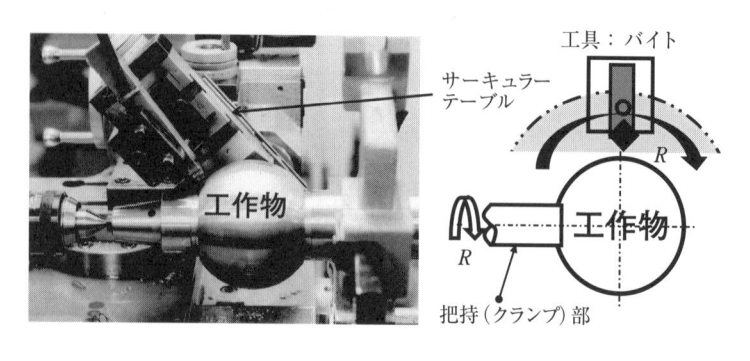

図3-5 サーキュラーテーブルによる球体の成形（$\underline{R}_W \times R_T$）

3-5).

　以上のように部分・過半球に限っていえば，確かに相交わる2軸の回転運動 R を組み合せるという球体加工の基本原理に従うことで，それほど不自由なく，かつ，そこそこの精度で機械加工されているのである．もしそうであるならば，球体加工の技術的な障壁とはどこにあるのだろうか？

球体づくりの落とし穴

　球体加工の落とし穴は，完全球を対象としたときにその姿を現す．すなわち，工作機械によって一気に加工を完遂できるのは部分球，せいぜい過半球止まりであり，完全球の創成に際しては工作物の把持（チャッキング）部が邪魔になり，全球面をすべて加工し終わるまでに必ず途中に把持換えを要する．このことがその作業能率と加工精度に対し，致命的なダメージをもたらすことになるのである．また，もし仮にそうであったとしても，数個程度ならば職人の技能に頼れば，この把持換えによる不具合を克服できないわけではない．しかし，そのような職人頼みのやり方が大量生産に不向きなことは当然であろう．そこで，把持換えなしに棒材から連続切削できる鋼

球製造用の専用旋盤も開発されてはいるが，成品球を母材から分離する難しさ（複雑な工作物保持機構，回転中心部に残るへそ，など）があり，せいぜい数十μmの真球精度が限界となる．結局，完全球の精密加工にはワーク球を把持しないで，無拘束なワーク自転 R_w を可能にする運動機構に勝る方式が見当たらないのである．そこで自由自転機構を取り入れ，完全球の加工を把持換えなしに連続して遂行できるようにしたのが球体ラップ盤である．しかし泣き所は，ワーク球の自転運動に自由度をもたせた結果，その回転運動の制御性を失い，逆に真球精度向上の足枷になったのである．球体ラッピングの具体的な研磨特性については本章3節で詳しく述べる．

型成形法による粗球の量産

ベアリング球を筆頭に，バルブ用ボール，ボールレンズ，パチンコ玉に至るまで，この種の球成品には大量生産を求められることが多い．そのような生産要求に対して，機械加工によって臨むことの難しさは先に述べたとおりである．そこで，量産加工を視野に入れた粗球（仕上げ研磨工程へ供する前加工品）の製造法について考え

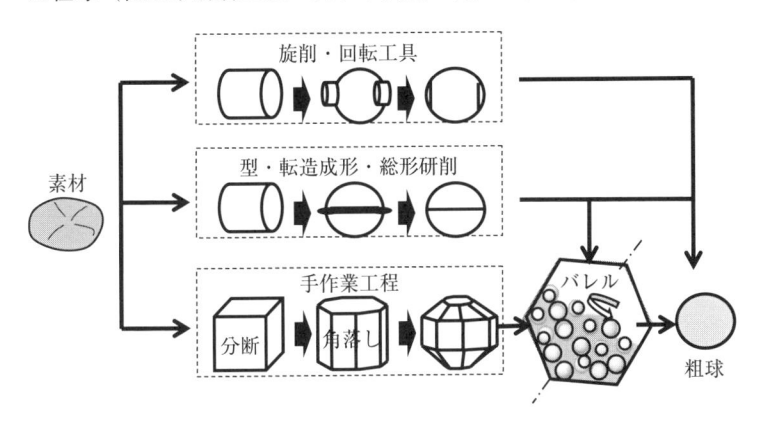

図3-6 粗球の機械加工工程

てみたい．

　確立された粗球成品の一般的な機械加工工程は，図3-6のように整理できる．大径球を数個生産するのであれば，素材ブロックの角を削り落とし多角形化させた後，手磨りやバレル加工（後出）などで球体化するのが最も安易な方法であるが，良好な真球精度は望めない．一方，ガラスのような低温軟化素材に限れば，加熱によって蜻蛉玉工芸の要領で簡単に手作りされることにならって，熱軟化した分塊の転動法（ランダム方向に転動させることで球体に成形）を採用できるが，高い形状精度は到底望めない．

　今日，主力となる最も一般的な粗球の量産方式は，型成形法である．これには半球状の金型（図3-7）や転造工具（図3-8）を用い

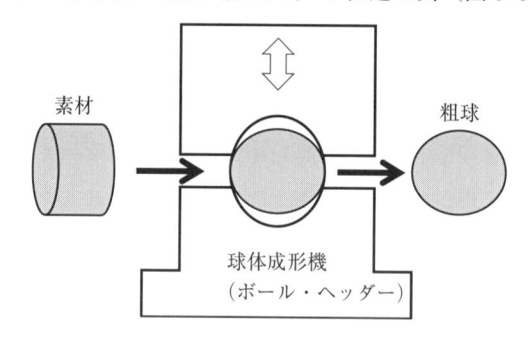

図3-7　鋼球の型鍛造（ボール・ヘッダー）

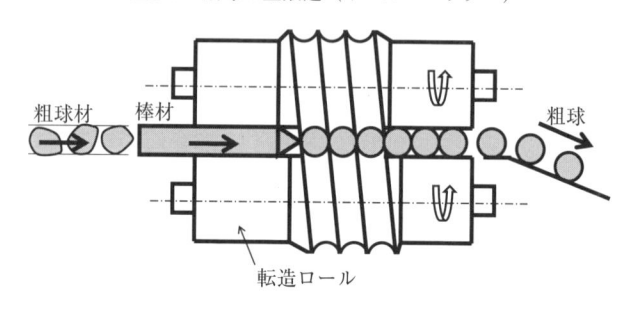

図3-8　転造による鋼球の生産

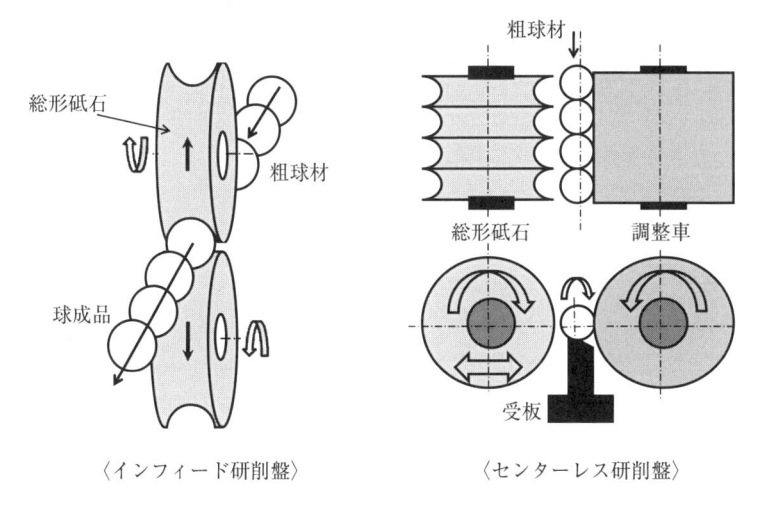

〈インフィード研削盤〉　　〈センターレス研削盤〉

図3-9　球体の総型研削

素材の塑性や熱軟化流動特性を生かしての型成形法と，円弧状に成形した砥石（図3-9）を用いてその形状を素材に転写させる総型研削法がある．型成形法の依拠する型形状の転写原理では，成品精度が機械加工におよばないのが普通である．特に金型成形は，生産性が高い半面，型のパーティング部（合せ目）にバリが生じやすく，その除去のための後工程（フラッシング）に結構手間がかかる．たとえば，金型成形後にバレル加工などによるバリ取り工程が付加された後，さらに総型研削によって形を整えるという具合に，後工程の負担が増える．なお，バレル加工とは，容器（バレル）の中に研磨材（メディア，コンパウンドなど）や水といっしょに工作物を投入し，バレルに回転運動を与えることで装填物を攪拌・流動させ，共擦りさせることで洗浄・錆取り，表面仕上げ（粗さ，光沢，つや消し），バリ取り，角の面取り・丸めなどを行う流動研磨加工法である．小物部品の大量バッチ処理が最大の特長である．

2. 真球度を測る

丸さの絶対精度と相対精度

 磁気ヘッドとジャンボジェット機の技術競べがよく引合いに出される。磁気ヘッドを 0.15 μm の浮上高さに保持することは，ジャンボジェット機が地上 4.5 mm をクラッシュなしに飛行する難しさに匹敵する，という技術難易度のたとえである．飛翔体の大きさと飛行高さの相対値（この例では 10^{-4}）から，両者は同等の難易度と見なすのである．このことは加工技術全般にも通じる．すなわち，形状精度を保証するための加工の難易度は，寸法誤差の絶対値そのものよりも，成品寸法に対する相対精度によるところが大きい．たとえば，小球（径 1 mmφ）の真球度 10nm と大球（径 100 mmφ）の真球度 1 μm を比べると，両者の加工難易度が等しいことを主張している.

 地球は丸いといわれるが，両極直径と赤道直径の差が 40 数 km もある．そのため地球を扁球体と見る向きもあるが，相対精度で見ると歪みは直径 10 mmφ 当たり数十μm の変化（直径不同）にすぎず，軸受用鋼球には 1 桁およばないまでも，ビー玉並みの真球度なのである．通信工学や品質工学で用いる SN 比，あるいは平素何気なく用いるデータの有効数字なども，すべて相対精度の概念に基づいている.

 最近，ナノテクノロジーという名を掲げて，絶対精度（ナノ

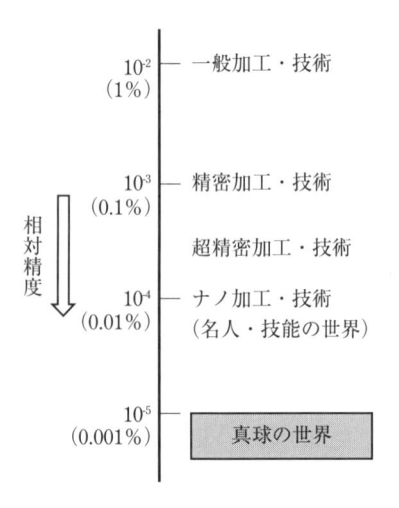

相対精度 ↓

10^{2} （1%） ― 一般加工・技術

10^{3} （0.1%） ― 精密加工・技術

超精密加工・技術

10^{4} （0.01%） ― ナノ加工・技術（名人・技能の世界）

10^{5} （0.001%） ― 真球の世界

図3-10　加工・技術の相対精度

メーター，nm) により技術レベルを誇示されることがあるが，真の判断指標とすべきはその相対値なのである．相対精度によって整理された図3-10の分類に従うならば，磁気ヘッドの浮上は超精密〜ナノ技術の領域に属し，「真球」の加工技術はさらにその上をゆく，超ナノの世界にあることに気づくはずである．

真球度の測定法

現実の球成品は，立体的に歪んでいる（図3-11）．真球度はこの真球の度合を評価する数値である．しかし，真球度に関する公式の規格はなく，JIS B 1501「玉軸受け用鋼球」に"鋼球の表面に外接する最小球面と鋼球表面の各点との半径方向の距離の最大値"との文言が見られるのみである．そのため，球体の形状精度（真球精度）が平面輪郭図形である真円精度によって代用されることが慣習化している．JIS B 0621 の真円度定義［コラム3］において，「円」→「球」に読み替えることで，特段の不都合もなく過ごしてきたのである．このような曖昧さを生み出したのは，球体輪郭3次元データの計測

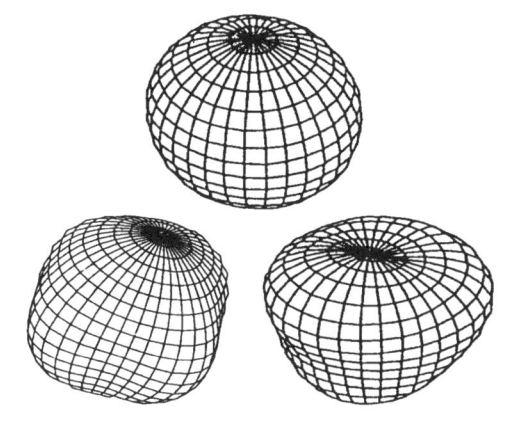

図3-11 球体の輪郭形状モデル

── コラム 3 ──

丸いようで丸くない形

　真円度の規格については国際的にも統一され，測定法や測定機器についても混乱は少ない．もちろん，JIS B 0621「幾何偏差の定義及び表示」には，半径法による測定データに基づき，最小外接円法，最大内接円法，最小領域中心法，最小2乗中心法など最大実体公差を背景にした定義とその数値化が明文化されている．しかし，各真円度定義にはそれぞれ一長一短があるため，適宜使い分けなければならない．一例として，図に示す内・外接円中心法の要点について次に記しておく．

　円状輪郭図形を2つの同心の幾何学的真円で囲んだとき，同心2円の半径差を内・外接円法による真円度と定義する．一般に最小外接円法は軸の真円度評価に，最大内接円法は穴の真円度評価に用いられる．ただし，基準接円の設定に自由度があるため，本定義による真円度は一義的に定まるとは限らないという不確定さを含んでいる．

　一方，より簡単に真円度を知るには，ノギスやマイクロメーターで球径を数か所測定し，そのばらつきの大きさから判断する方法（直径法）がとられる．このように平行2平面で球を挟んだとき，その2平面間の距離（差渡し幅）がすべての方向で一定となるにもかかわらず，真円でない平面図形が存在する．これが等径ひずみ円（Gleichdick）である．センターレス研削盤では，円柱ワークの断面形状に等径ひずみ円が形成されがちなこ

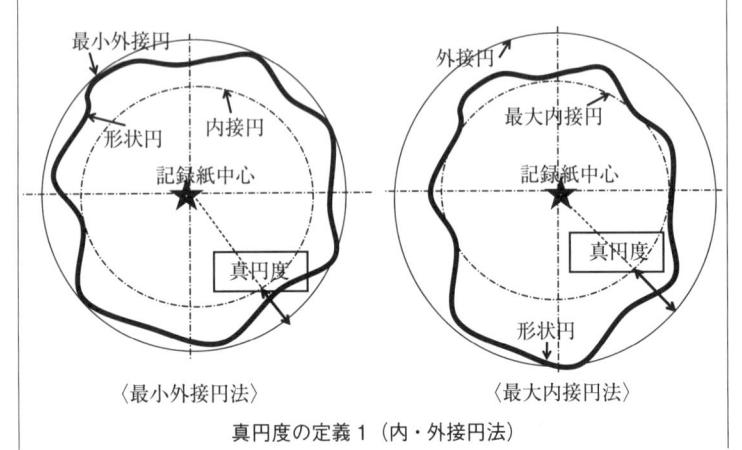

真円度の定義1（内・外接円法）

〈最小外接円法〉　　〈最大内接円法〉

とで有名である．等径ひずみ円の代表としては，正三角形の頂点を中心にして一定半径 R の円弧各頂点を結んで得られるルーローの三角形がある．この形は「三角おむすび形」の愛称で，ロータリーエンジンのローターでお馴染であろう．同様に，正五角形，正七角形，正九角形，……，奇数正 n 角形のものが存在し得る．

法の難しさが原因である．

　立体形状精度の評価のために球体輪郭の 3 軸直交座標値（絶対値）を 3 次元座標測定機によって直接計測することは，技術者にとって自然な発想である．もし，3 次元座標測定機により球体輪郭全面にわたって絶対座標値を高精度で計測し，球形の歪みを定量評価できるのならば，これに勝るものはない．ところがその前提となるのは，3 次元座標測定機の各軸座標値を数百 mm 以上におよぶストローク距離のもとで高分解能測定できることである．参考までに，今日市販されている標準的な 3 次元測定機による座標測定精度は 1 軸当たり，

$$\pm \{0.5 + (L/1\,000)\}\ \mu m \quad (L：測定ストローク距離，mm)$$

程度である．3 次元空間においては軸間誤差が加わることで座標値の信頼性は更に低下するため，精度 ±1 μm 前後が限界となろう．したがって，真球精度の判定に必要とされる相対測定精度数十 ppm（×10^{-6}）オーダーに対して，絶対座標系の測長機器を用いて臨むことは，測定分解能や信頼性・安定性，コストなどからしてきわめて難しい．

　そこで，球体の形状精度を高い分解能のもとで測定するにあたっては，データム（基準位置）からの偏差量を検出するのが計測法の定石である．このような背景から，各種コンパレーター（精密比較測定器の総称）を用いて半径法により真球精度を測定・評価するのが，今日の主流となっている．

真円度測定機の問題点

　球体の形状精度は一般に，電子・光学型プローブにより，基準位置からの偏差として間接測定される．それには，直交する2軸の回転を組み合せた球極座標系（図3-12）を構築し，3次元球面計測するのが理想とされる．なぜなら，この極座標系による球面輪郭データムの設定が理にかなっているからであり，このことは球の創成原理（本章1節）から見ても明らかであろう．しかし，この真球度測定機を具体化するには，2つのスピンドル回転精度とその相乗効果，2軸を交叉させる芯出し調整の難しさなど克服すべき技術課題も多く，開発・試作の域を脱していないのが実状である．

　そこで折衷案として常用されているのが，回転1軸と直交座標軸を組み合せた円筒座標系である．いわゆる，真円度測定機による半径法（平面極座標系での偏差量測定方式，図3-13）であり，物体輪郭を輪切り平面によって測定・評価する．真円度測定器のプロー

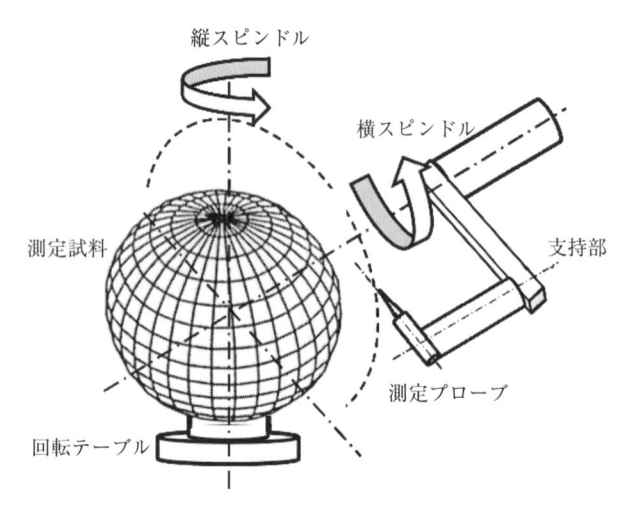

図3-12　球極座標系による球形状の測定

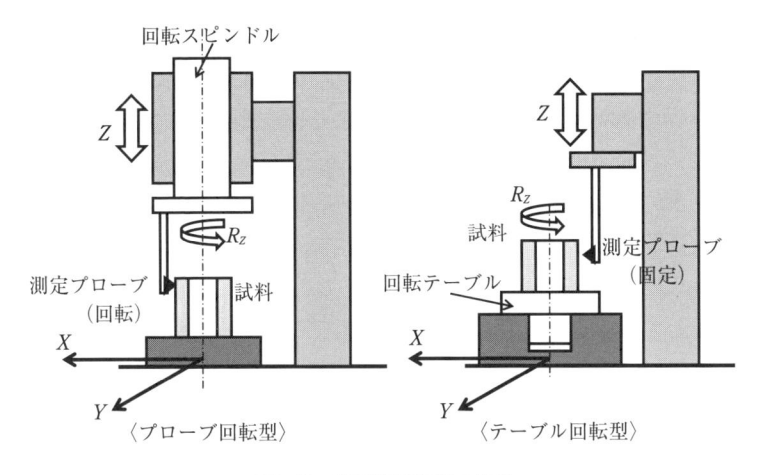

図3-13　真円度測定機の構造

ブ分解能は，標準機でも 0.1μm（倍率×20 000）程度は保証されている．タリーロンド（イギリス Rank Taylor Hobson 社製）のような超ブランド機種になると，20万〜100万倍の測定倍率を謳っている．当然のことながら，ここでのスピンドルやテーブルの回転振れは，数十 nm 以下に抑えられなければならない．この数値は一般工作機械スピンドルに比べ1〜2桁も小さい．この半径法によれば，3次元的形状精度の評価値であるべき真球精度が，複数の平面輪郭図形データによって判定されることになる．すなわち，真円度測定機を利用して，試料（球）の設定を変えながら赤道や子午線上の輪郭円（輪切り断面）を数か所で測定し，その真円偏差の最大値をもって真球度とするのである．2次元的な真円度をもって3次元的な真球度と見なすことは，球体の形状評価法として厳密性を欠く[15]とはいえ，計測の簡便さや直観的に理解しやすいこともあり，慣習化して受け継がれてきたのである．

真球精度の簡易判定法

真円度測定機の利用は，大量生産ラインには馴染みにくい．そこで，真球精度の簡易評価法として現場で長年愛用されてきたのが，次に述べる計測方法である．いずれも測定ゲージや機械式コンパレーターによって直読判定でき，数値の定義も納得しやすいことから重用されてきた．ただし，その数値自体は物理的な論理性にやや欠け，国際的な形状精度の規格やJIS B 0621「幾何偏差の定量及び表示」でも言及されていない．あくまで現場での簡易評価法といった位置づけである．

〈2点測定法――直径法〉

ノギスやマイクロメーターによりその外径の絶対値（差渡し幅）を直接測定し，そのばらつき幅（直径不同，JIS B 1501）から判定する真球精度の評価法であり，簡便チェック手段として生産現場で人気が高い．特にこの測定手法は，機上計測が難しい大径球の真球精度の計測に欠かせない．楕円状球体の検出には有効であるが，等径ひずみ円［コラム3］）を識別できないという欠陥がある．

〈3点測定法―― Vブロック法〉

Vブロックと機械式コンパレーターによる3点測定法の構成を図3-14左に示している．ワーク球を1回転させたときのダイヤル全振れ幅を読む．この比較測定法は，等径ひずみ円の検出には有効であるが，V溝の角度によっては検出できない波長成分が生まれるなどの弱点もある．

なお，この測定方式の実務技術への転用として，馬乗りゲージ（図3-14右）や4点法真球度測定（3球座や三脚ゲージによる）のような簡易式球面計が考案されている．

〈光学干渉法〉

真円度測定機では検出プローブあるいは試料テーブルの回転により輪郭走査するため，測定対象となる球体半径の大きさには限界が

〈Vブロック法〉　　　　　　　　〈馬乗りゲージ法〉

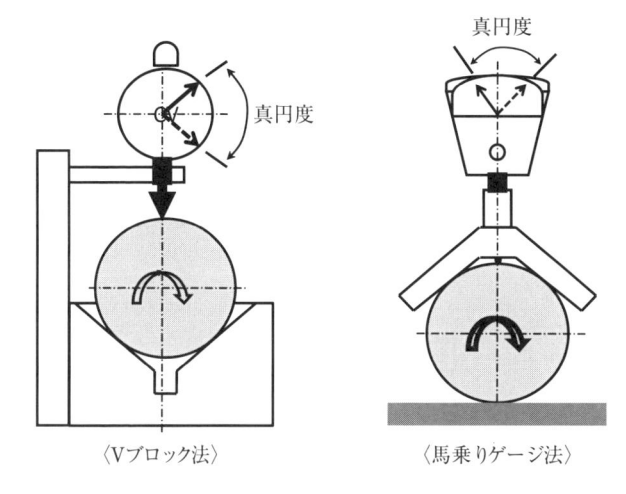

図3-14 3点法による真球精度の測定

ある．そこで，曲率半径がきわめて大きい部分球面精度を3次元的に管理する計測手段として，古くからニュートン合せと呼ばれる光学測定原理が応用されている．JIS B 7433「ニュートンゲージ」に規定されており，校正用ニュートンゲージを基準としたワーク球面との比較測定法である．また，レーザー光波干渉計も利用される（図3-15）．

図3-15 レーザー光波干渉計による部分球面の形状測定（縞間隔：$\lambda/2$ = 0.3 μm，球面半径：30 m）

〈転動・反発法〉

球成品の量産現場では，その真球精度の品質管理のために次のような選別法が生み出された（図3-16）．

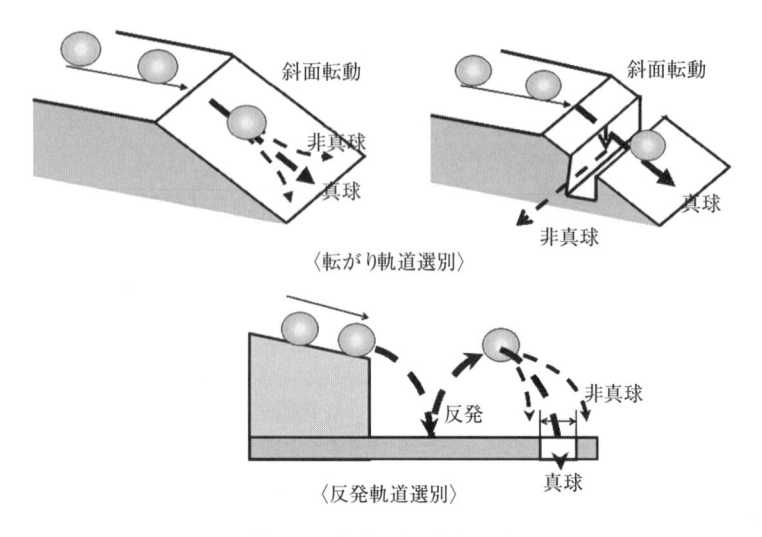

図3-16 真球の物理的選別法

- 斜面転動による選別——転がりの直進性により真球精度を判定する．卓球のボールなどに応用されている．
- 反発軌道による選別——反発の等角性という物理原理を真球精度の判定に導入したもので，ベアリング用鋼球などの品質管理に用いられる．

3. 真球を磨く

難しい球磨き

夏目漱石の小説『吾輩は猫である』に，大学教授の水島寒月が博士論文の課題である蛙の目玉の研究のために，ガラスの球を磨く話が載っている．その描写のなかに，次のような行 がある．「……どうもむずかしいです．だんだん磨って少しこっち側の半径が長すぎるからと思ってそっちを心持ち落とすと，さあ大変今度は向こう側

が長くなる．そいつを骨を折ってようやく磨(す)りつぶしたかと思うと全体の形がいびつになるんです．やっとの思いでこのいびつを取るとまた直径に狂いができます．……」．そんなわけで，朝から夕方暗くなるまで磨り続けると，初めりんごほどの大きさのものがやがて苺ほどになり，それでもさらに根気よくやっていると大豆ほどになってもまだ完全な球はできない，というのがその顛末である．

　平面ならいざ知らず，球体をつくろうとただ闇雲に磨ったのでは，寒月の予想した 10～20 年の歳月を費やしたとしても，おそらくガラス玉を真球にはできないであろう．漱石がはたして玉磨きの術を心得ていたかどうかはさておくとして［コラム 4］，真球の製作をめざすのならば論理にかなった攻玉テクニックの基本をふまえなければならない，ということだけは確かである．さて，その理屈を知るには，まず球体の創成原理を学ぶことがその第一歩となる．

コラム 4

『吾輩は猫である』の球磨きと寺田寅彦

　夏目漱石にとって，自分の俳句の弟子であり理学博士でもある寺田寅彦は一目置く存在であり，彼との会話から話題や情報を得て小説の糧にしていたようである．そのような背景を知ってか，水島寒月のモデルは寺田寅彦であるとの通説が巷間，広まった．確かに，この作品には寺田寅彦の提供した素材が用いられたことは疑いもないが，寒月の人物像は漱石自身による創作であろう．なぜなら，寺田寅彦が生き物の眼球やガラス球の研磨に直接かかわった形跡は，まったく見当たらないからである．寺田寅彦の最後の弟子である中谷宇吉郎の追想記によると，寺田の先輩に光学研究のために毎日ガラス板を磨いていた変わり者がおり，その話を漱石が聞いて大変面白がったという（中谷宇吉郎：寺田寅彦の追想, 甲文社, 1937）．また，蛙の眼球と紫外線の話も，当時，梟の眼球の水晶体についてその赤外線透過度を研究していた寺田の同僚がいたとのこと．多分，そのような話が寺田から漱石の耳に入り，寒月の玉磨きへと脚色されたに違いない．

真球をつくる摂理

本章1節で述べた母性原理によると，加工精度はマザーマシン（工作機械）の精度を超えることができない．それでは，マザーマシンの運動精度を超える加工精度の要求に対してどのように応じることができるのであろうか？　それには，ひたすら自然の摂理にかなった加工原理にすがる以外に，道はない．マザーマシンに頼らず極限精度の真球につくり得るのは，「共摺り」と「転動」による磨き機構，および「表面張力」という物理現象が球体創成の自然摂理にかなっているからにほかならない．

〈共摺り運動〉

完璧な真球の創成をめざすとき，その加工摂理は珠玉やレンズなどを磨きあげる研磨という伝統技能に潜んでいた．すなわち，回転・往復による「共摺り」という研磨運動である．2つの固体を自由接触させ，回転・往復による多自由度の摺動運動を与えると，接触面で突出部から優先して摩耗し（選択原理），馴染みながら，両物体は凹凸球面に収斂してゆく．「当たりを出す」という工場俗語は，この辺りの雰囲気を伝えている．このとき，摺動界面に砥材を分散した液体（研磨スラリー）を介在させることによって物理的，電気的，化学的な摩耗作用を複合させ，研磨能率を大幅に飛躍させることができる．これがラッピング加工法［コラム5］の原理である．球面ラッピングを想定すると，固体の一方が工具に相当するラップ皿であり，他方がワーク（凹・凸レンズなど）となる．

〈転動〉

ランダムなベクトル方向に自由転動する物体は球状化する．すなわち，転動運動もまた球体創成の摂理なのである．上流から転がりながら押し流される途上で角がとれ平滑化した河原の丸石，小値賀島天然記念物のポットホール，フンコロガシがつくる団子状の餌も，すべて転動という自然摂理の賜物である．

---コラム5---

ラッピング加工

　砥粒スラリーを介して工具（ラップ定盤）とワークを摺動させ，工具形状を選択原理によって加工面に転写するのがラッピング加工である．そのため，母型となるラップ定盤の精度とその維持が加工精度にとっての決め手となる．最も普及した平面や球面ラップ盤は，平面度測定の原器であるオプチカルフラットや長さの原器であるブロックゲージあるいは光学レンズなど，完全平面および球面の創成にとって唯一無二の加工手段となっている．なお，ラッピングは磨製石器時代から用いられてきた人類最古の伝統的な砥粒加工法であるが，J. E. ヨハンセン（スウェーデン）がブロックゲージをつくることによって精密加工技術への曙光が射しはじめた1897年以来，現代に至ってもその加工技術の本質は少しも変わっていない．なぜなら，ラッピングによる研磨機構には物理的，電気的，化学的因子が複雑に作用するため，その特性を科学的に管理することはきわめて難しく，未だに職人の勘や経験に頼らざるを得ない暗黙知の世界にとどまっているからである．

　なお，ラッピングの語源はラテン語のlapis（石）とされる．そこから英語のlapidary（宝石研磨）が生まれ，lapping（ラッピング研磨）やlapping plate（ラップ定盤），lapping machine（ラップ盤）などの技術用語が派生したようである．

　熱軟化した物質（ガラス，プラスチックなど）は，斜面を自由転動降下する途上で冷却し球体化する．ガラス玉の製造にはこの摂理が採用されている（図3-17）．加振による転動運動を応用した「丸め機」なども，実は食品工業の中で広く稼働しているのである．

　一方，2枚の揺動板間，あるいは2つのロール間での強制転動による物体の球体化は，今日，鋼球など工業的な球体製造法の中核をなしている．錠剤や飴玉の製法も原理は同じである．

〈表面張力〉

溶融物質が凝固する過程で，表面張力により球体化するのはよく

第3章　真球を極める ——— 65

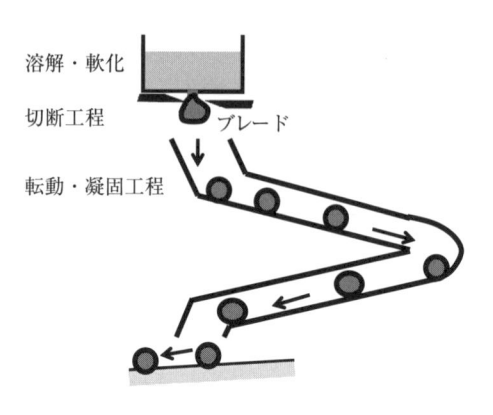

図3-17 転動による球体の創成

知られた物理現象である．この応用として，溶融液滴の落下冷却による金属微小球の製造法がある．ただし，地上では重力が障害となるため溶融凝固による精密球の製造は困難とされ，そこで宇宙空間での真球の製法が発想されたわけである．もちろん，地上においても無重力に近い実験場をつくり出すことは可能である．たとえば，自由落下中の溶融凝固は古くから考えられた手法である．強い磁場によって高圧不活性ガス（Ar）中に溶融したガラス，セラミックスやプラスチックを浮遊させ小球体の製造に成功したことは，ニュースとなって新聞でもとりあげられた[16]．

その他，球体化の自然摂理には結晶成長を利用した材料科学的方法や化学反応なども利用できるが，真球精度に関してはそれほどすぐれたものではない．

球体ラッピングによる真球づくり

球体ラッピングでは，工具（V溝ラップ定盤：図3-18，研磨皿：図3-19，研磨カップ：図3-20）と転動するワーク球の共擦り作用によって，両者が徐々に馴染み，ともに球面へ向かって収斂する．

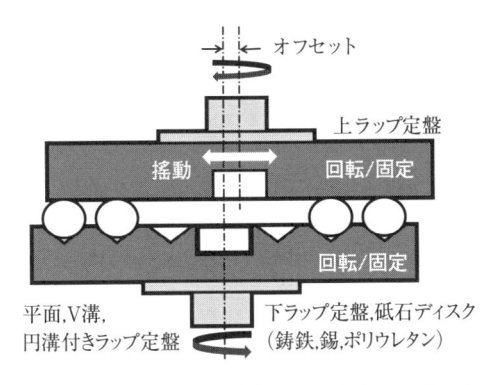

図3-18 溝付きラップ定盤による球体ラッピング

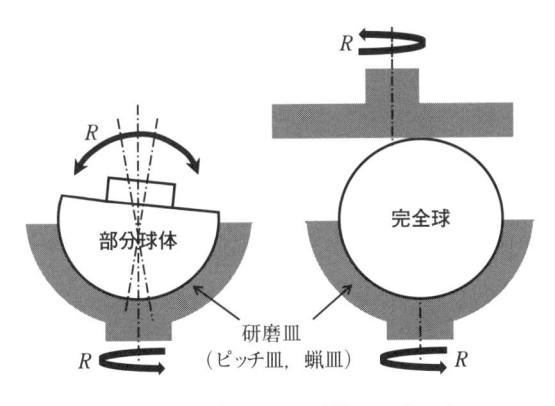

図3-19 研磨皿による球体ラッピング

そこでの真球創成の鍵は，両者の相対運動をランダム化することによりいかに速やかに全面接触させる（当たりを出す）ことができるか，そのためのワーク球転動ベクトルの最適コントロールにかかっている．ところが，球体ラッピングの難しさは平面ラッピングに比べ，ワーク球転動運動の不安定性にある．たとえば，V溝ラップ定盤方式では，ワーク球がラップ盤上を公転し，同時にV溝の中で

第3章 真球を極める ── 67

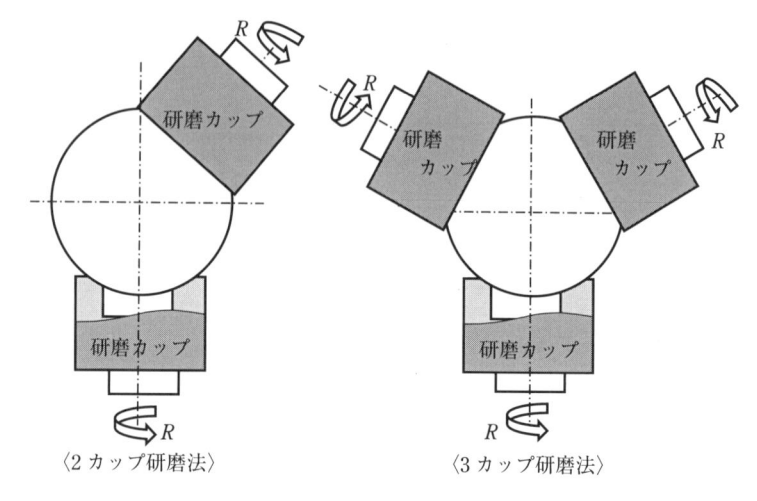

図3-20　研磨カップによる球体ラッピング

その自転軸を少しずつ変化させながら，接触点での速度差によって生起されるワーク球・ラップ間の差動滑り（ヒースコートスリップ）によって研磨作用が進行する．ところが，ワーク球運動はラップ定盤との間の摩擦力という不安定な物理作用によって誘起させられているため，その回転を自在に制御することがかなわないのである．研磨カップ方式でも同様で，その回転速度，保持角度がワーク球の自転挙動に対する影響因子であることはわかっていても，制御因子にはなり得ない．このような背景から，球面ラッピング特許のほとんどが，ワーク球の回転制御にかかわる工夫である（図3-21）．

このように球体ラッピングにおける真球精度には，ワーク球の回転特性，換言すればラップ定盤の構造が色濃く反映される．すなわち，球体ラップ盤の形式に応じて，次のような特徴ある輪郭を創成しがちであり，完璧な真球に近づけることは技術的に容易でない．

- 2カップ研磨法——2山（楕円状）球体
- 3カップ研磨法——3山球体

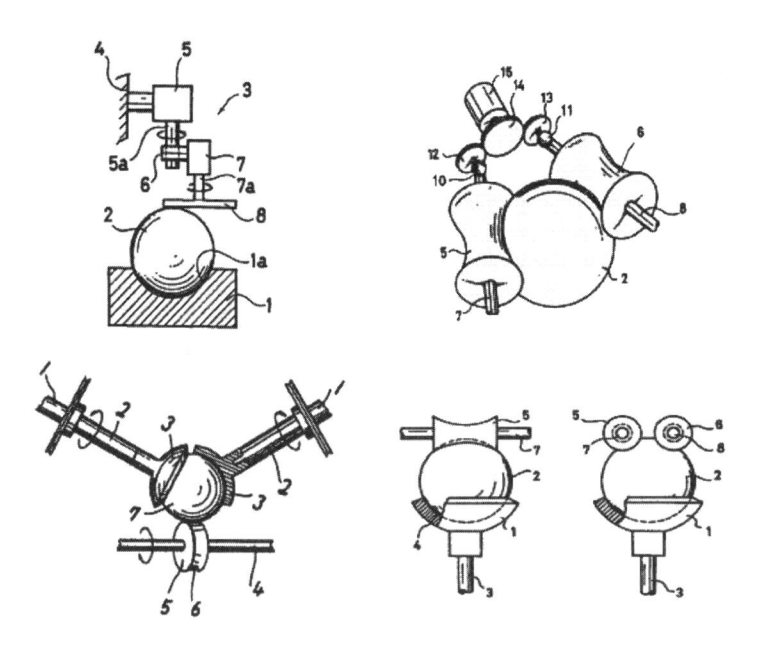

図3-21　特許に見るワーク球のラッピング機構

・V溝付きディスク研磨法——不定形球体

究極の真球創成をめざすなら，NASAが採用した4カップ研磨法が最も理にかなっているという解析結果が報告されている[17]．

究極の真球に挑む

ご存知のように，超精密加工やナノテクノロジーは半導体や光通信の発展に貢献した．それを可能にしたコア技術のひとつが平面ラッピング［コラム5］であり，たとえば化学機械研磨（CMP）に代表されるように，半導体の超精密平面ラッピング加工に関する研究・開発には，世界の半導体業界はもとより大学や公立研究所がこぞって取り組んできたし，現在でも喫緊の技術テーマとなっている．

第3章　真球を極める —— 69

これに対して球体ラッピングとなると，その事情はかなり異なる．

〈各国の取組み〉

GP-B計画［コラム6］のような国家的プロジェクトを抱えるアメリカでは，NASA-ロッキード社，スタンフォード大学，ロチェスター大学など国のトップ機関で真球づくりに組織的に取り組んでいる．また，製造技術に秀でた国とはいえないオーストラリアでは，国立研究所（NML）付属のオーストラリア連邦科学産業研究機構（CSIRO）がアボガドロ数決定のためのシリコン単結晶の超精密球を磨きあげて日本やヨーロッパに提供しているし，中国においては真球の製作を国の研究テーマにとりあげ，同国工科系大学の頂点にある精華大学からは水晶球の創成研磨に関する研究成果が発信されている．部分球体としては1999年，ハワイ島マウナケア山頂に建設された日本が誇る大型赤外線天体望遠鏡「すばる」の中核となる世界最大主鏡 8.3 mϕ（素材：アメリカ・コーニング社の低膨張ガラスULE）の研磨を担当したのはContraves Brashear Systems社（アメリカ）であった．

翻って，わが国における真球づくりへの取組みを見ると，なぜか消極的である．半世紀近くも前に，ジャイロ用の精密球面空気軸受製作に精力的に取り組んだ東芝生産技術研究所（1972年）の例[18]を除けば，セラミック玉軸受を想定してのセラミック球研磨の研究が単発的に行われたにすぎず，興味本位の話題にのぼることはあっても，組織的に取り組むことなどなかったのである．

〈真球のチャンピオン〉

図3-22には，研磨技術が生み出した球成品の真球度が比べられている．球体ラッピングという自然の摂理によれば，簡単な装置によって真球精度（$10^5 \sim 10^6$）が実現され，現代の先端技術がなし得た最高の機械加工精度（$10^4 \sim 10^5$）をかくも容易に凌駕できることを同図は教えてくれる．それでは人間の手になる真球度の極限

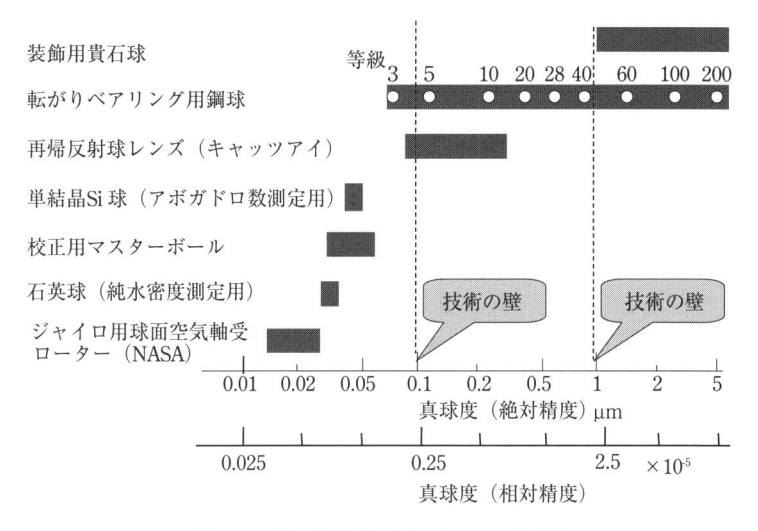

図3-22 真球度の比較（直径 40 mm 程度）

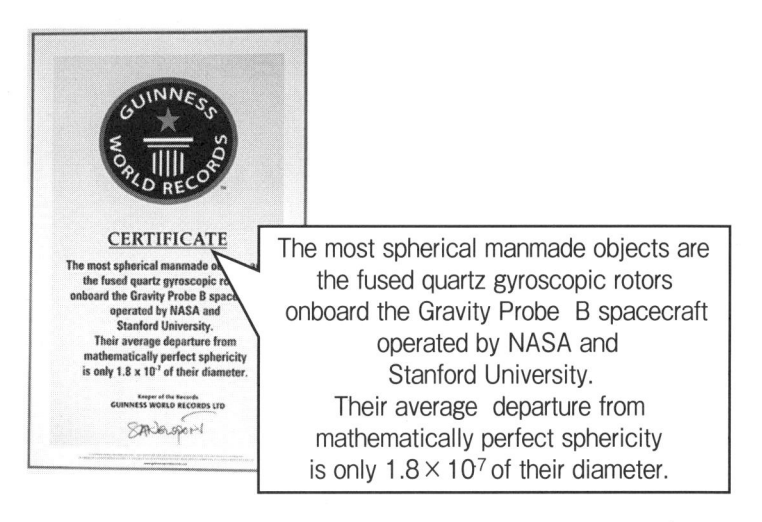

図3-23 ギネスブックによる真球チャンピオンの認定書

第3章 真球を極める —— 71

―― コラム6 ――

GP-B (Gravity Probe B) 計画

　地球という巨大な質量が自転すると"慣性系の引きずりによる時空間のゆがみ"が生じるとされる．GP-B計画は，このゆがみを数値的に捉えることによる一般相対性理論（アインシュタイン）の検証をめざして1960年に立案され，1964年から実施行動に移された．この計画意図は単純明快だが，同計画の一環として採用された宇宙衛星上でのジャイロには，途方もない測定分解能0.0001秒角（従前性能の100分の1）が要求された．大型望遠鏡「すばる」の操作感度0.02秒角から見ても，その精度の高さがうかがわれよう．そこでは，ジャイロの中核となる球体ローター（回転数10 000 rpm）には真球度が10nm以下というほぼ完全真球に近い超高純度溶融石英球（直径φ38mm，図）が機能上必須であった．その製作を担当したのがスタンフォード大学である．

　1976年にGP-Aが先行した．次いでGP-Bのための人工衛星は2004年に打ち上げられ，17か月におよぶ計測を成功裏に終えた．現在データ解析中とされ，その成果の公表はまだ先のようである．その結果はどうであれ，GP-B計画の遂行過程で生み出された真球技術はいずれ民間技術へ移転され，人類に計り知れない効果をもたらすことは確かである．

GP-B実験計画の核心部（ジャイロ）（Frane, Marcella and George M. Keiser, http://einstein.stanford.edu/）

とは，どれほどの値なのであろうか？　人工球体のなかにあって正真正銘の真球世界チャンピオンは，ギネスブックによって認定されたものに相違ない．それによると，真球の世界チャンピオンは，直径相対比：1.8×10^{-7}（絶対値：約 20 nm）の真球度を実現した溶融石英球である（図3-23）．地球の大きさに換算すると，地表の凹凸が約 5 m という丸さに相当する．この真球度を成功させたのが，NASA-ロッキード社の共同による重力プローブ GP-B 計画［コラム 6］であった．ただし，ここでの真球度の測定・評価法は不詳であり，その数値の科学的信頼度が保証されているわけではない．

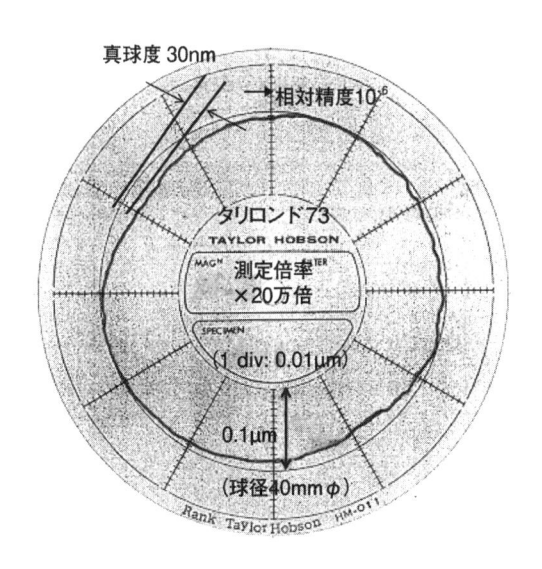

図3-24　真球度 30 nm の光学ガラス球
（研磨：芝浦工業大学）[19]

第3章　真球を極める —— 73

一方わが国では，東芝生産技術研究所による球面空気軸受用の過半球（真球度 0.2 μm）を除いて，公表された真球度データが少なく，その技術レベルは定かでない．市場に流通している測定機器検定用マスターボールの真球度から類推すると，おそらく 40 nm 程度まで到達できる技能が潜在しているのではなかろうか．ちなみに，筆者が磨いた光学ガラス Zerodur 球（Zerodur：熱膨張係数"0"の SCHOTT 社製光学ガラス素材）の真球度測定結果を図 3-24 に示す．なお，ここでは 2 カップ研磨法を用いているが，カップの回転数をパソコンにより適応制御することでワーク球の自転軸ベクトルを強制変化させ，40 nm / 40 mm ϕ 以下（10^{-6}）という真球度を得た[19]．

4. 真球はなぜ必要か

　完璧な球体などこの世に存在しない．しかし，理想の真球に限りなく近づけるための努力が，科学技術の世界で続けられている．ここでは，水密度とアボガドロ数を話題にとりあげ，真球づくりの意義を探ることにする．

地球環境の監視
〈水の循環と攪拌〉

　海，湖沼，池などの生物環境は，そこでの水の循環によって大きく影響される．瀬戸内地方の溜池の水は年 1 回，田圃への水抜きによって入れ替わることで養分過多になった水質が改善され，生物の多様性が人為的に維持されている事例である．一方，大自然の水環境を司っているのは対流である．

　湖沼　　春先，湖沼には周囲の山々から雪解けの冷たい水が流れ込む．この酸素の豊富な重い冷水は表水層から水底に沈み込み，入替わりに水底の水を浮上させる．「湖沼の深呼吸」と比喩されるこ

の対流が数十mにおよぶ湖沼の深水層にまで酸素をゆきわたらせるのであり，このように悠久な水の循環システムが生態系のバランスを維持し，水棲生物たちを育んでいる．このような水循環の微妙なバランスが，温暖化により流れ込む水温の上昇によって狂わされることが危惧されている．2007年の琵琶湖湖底の酸欠によるハゼ大量死の記憶が頭をよぎる．

大洋　海面が熱せられて蒸発し，塩分濃度が上がる結果，高密度の表層海水が海底に向かって沈み込む．これに伴い，とりまく周囲の海水が沈降水域に向かって水平流動し，それに引きずられて外周域での海水湧昇が誘発される．一方，両極付近では高い塩分濃度の表層海水（暖水）が冷やされて真水成分を結氷させ，海水塩分の濃度上昇とともに重くなって沈降し，それが深海流となって赤道に向かって移動する．この冷たい海水の回流は，周囲の海水とゆっくり混じり合いながらやがて表水層流れに転じ，再び熱せられながら1 000年以上をかけて地球を循環する．このように巨大な海水の一連の動き（移流）は酸素や養分の海中での拡散作用を推進する「エンジン」ともいえる．海洋生物とその生態系はもとより，地球の気候に対して大きな影響を与える根源である．もし，温暖化が両極の氷を溶かして塩分濃度を下げ表層水の沈み込みを阻害し，大洋の回流を消滅させることになれば，地球環境の激変は免れない．日本海の底層水が将来，酸欠状態に陥り「死の海」と化す事態を懸念し，国立環境研究所などの研究チームが警告を発している．この死の海の酸欠水が浮上すれば，海中の生態系に壊滅的な打撃が予想されるからである．

　自然現象はカオス（複雑系）で人知を超えており，学術的に予測し難いが，地球環境や生態系にとって海水密度が大きな役割を演じていることは確かである．したがって，世界規模での海水の密度（塩分濃度）や水温変化を追跡すれば，地球の気候変動や海洋変質を予

知する端緒を開くことができるはずであり，すでに WOCE（World Ocean Circulation Experiment）やArgo計画などの国際協力プロジェクト（アメリカ，イギリス，日本，ドイツなど30か国以上が参加）が1990年来，海水調査を継続している．

〈生態系への波及〉

環境影響評価法（アセスメント法）をはじめとして，エコロジーに対して殊更かまびすしい世相である．とはいえ，地球温暖化や資源・環境保護に関する初期の議論がそうであったように，具体的なデータや物証を示すことは必ずしも容易ではなく，そのためこの種の問題に対峙したとき，先入観や情緒論が世論を支配しがちであった．海洋の生態系も然りである．

水中でのバランス　　漁業資源を例にとりあげよう．2010年には，秋の味覚サンマの水揚げが例年の8割も激減し，逆にこれまで不漁続きだったマイワシの漁獲が大幅に回復の兆しを見せた．当時は，大衆魚であるイワシやサンマの漁獲変動の原因は乱獲による食物連鎖の崩壊にあるとの見解を，社会は何の疑いもなく受け入れてきた節がある．しかし，海洋生態学の専門家の間ではこの不漁をレジーム・シフト（地球環境システムのレジーム〈基本構造〉が数十年の長周期スパン変動することで特定の魚種が増え，逆にそれまで多数派だった魚種が減少する現象）による生態系の周期性が現れたもの，とする自然変動説も根強い[20]．世代交代に時間を要するマグロやクジラなどとは異なり，わずか数年の寿命で，かつ1産卵期に数万の卵を産むイワシやサンマに対して，その不漁の原因を，乱獲（資源の再生能力を超える過剰漁獲）という一言で切って捨てるほどエコロジーの世界は単純ではなさそうである［コラム7］．

海水の密度　　2010年の夏は歴史的な猛暑に見舞われたが，この異常気象の原因に日本近海の水温の高さを唱えた報道が多かった．水温上昇による海水密度の変化が大洋の巨大な回流を誘発し，海洋

―― コラム7 ――

水は曲者である

　有明海の湾奥部に建設した潮受け堤防の閉め切り（1997年）が湾全体の生態系を乱したとし，有明海沿岸漁業環境の悪化による漁業被害（魚貝類，アサリ，ノリ養殖の大不作）について国を相手どっての諫早湾干拓事業訴訟は記憶に新しい．国側（被告）は因果関係を認めるに足る具体的なデータ，資料の不在を盾に争ってきたが，佐賀地裁（2008年）に続き福岡高裁（2010年）もまた，これ以上の立証を漁民側（原告）に求めることは過大すぎる要求との裁断を下し，漁業被害の因果関係の一部を認定し，排水門の開門を命じることとなった．生体内の血液pH7はかなり厳密に保持され，この値が数％変動しただけで人間の生存が難しくなるほど，生命の維持は微妙，繊細なのである．同じように，水とそこで生息する生物の生態系は自然環境との際どいバランスのもとに成立しており，環境因子のとるに足らないようなわずかの変動（たとえば，わずか1ppm（10^{-6}）の塩分濃度の変化）に対しても，生態系は敏感に応答するのである．したがって，魚介類の環境調査にあたっては，塩分，密度（比重），溶存酸素，プランクトンなど，水／海水の物質定数やバイオ因子を手がかりとするわけだが，なかでも水／海水の密度（比重）の微妙な変化が水中の生態系の監視にとって有力な指標となる．ここで魚の成長との関係をとりあげ，海水密度が生態系に及ぼす影響の重大さをのぞいてみよう．

　ガリレオ・ガリレイ温度計をご存知だろうか．容器に入った複数のカラフルなガラスバルーンが浮上・沈降し室温を指示する，飾りを兼ねた温度計である．これと同じ原理のもと，種の保存・繁栄のために自身の比重を調整しながら水中での生息域層を適応変化させる習性の魚類がいる．そのライフサイクルは，まず海底での産卵に始まり，比重が海水より小さい卵は一旦浮上し，海面を浮遊しながら孵化し卵稚児期を過ごす．その後，稚魚期には次第に比重を増加しながら沈降し，海底で成魚となる（図）．大型の魚（外敵）が少ない表水層は安全な生活圏であり，かつ，光合成が活発で植物性プランクトンが豊富である．この恵まれた環境を卵稚児期の生活圏に活用し，次第に遊泳力を発揮できる浮魚の生息水層に移るという，海中鉛直昇降の習性を身につけているのである．クロマグロもその類に属する（坂本亘，他：日本水産学会誌，Vol.71, No.1, 80, 2005）．誕生初期の比重は海水より小さく，静水中の浮上速度は 1.7〜3.5 mm/s

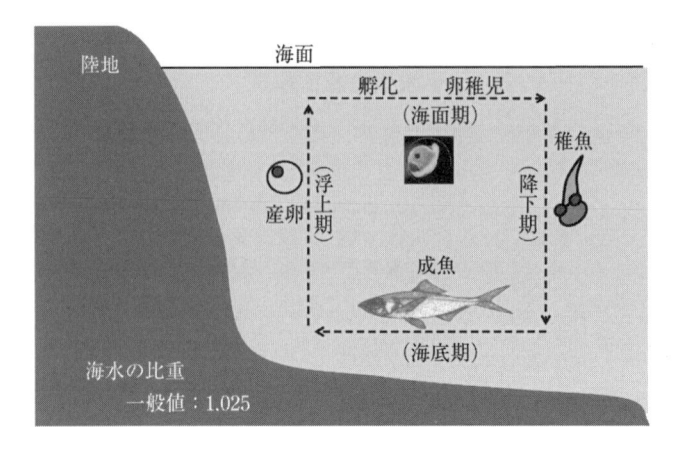

魚類の成長過程と生活海層

との観察データもある．人工孵化・養殖にとって孵化後，10日頃までの死亡率の抑制が懸案とされているが，遊泳力が小さい孵化から10日目頃までの浮上死と沈降死がその主要な死亡要因であるとされ，海水の比重管理の重大さの一端がうかがわれる．

生態系に連動することが予想されるとしても，注目すべきはその密度変化の度合である．純水の密度は温度の低下とともに増加し，4℃で最大値（0.99997 g/cm³）を示すことはよく知られている．1℃の温度変化がもたらす水の密度変化は，わずか0.00001〜0.0002 g/cm³程度にすぎないのである（表3-1）．そもそも，標準平均海水（SMOW）の密度は1.025とされるが，一般には水温，塩分濃度，水圧などにより，およそ1.020〜1.030の範囲で変動する．とりわけ，塩分の増加は密度最大値となる水

表3-1 純水の密度 ρ (g/cm³)

2℃	0.99994
4℃	0.99997
6℃	0.99994
8℃	0.99985
10℃	0.99970
12℃	0.99949

温（4℃）を低温側に遷移させるなど，海水密度は塩分濃度から強い影響を受ける．逆にこのことは，海水密度値が生態系に影響の大きい塩分濃度を知るための指標となり得ることを意味している．しかしそれには，密度変化量 0.0005 g/cm^3 程度の検出感度が必要となる．

何かにつけ気軽に水／海水の密度が口にされるが，その実，水棲生物の生態系がわずか 0.0001 g/cm^3 程度の密度変化に対し敏感に反応し，その追跡には有効数字 5 桁以上の超精密な密度計測技術が欠かせないという事実はあまり知られていない．水／海水密度の測定分解能：$10^{-4} \sim 10^{-5}$ を「ものづくり」の世界になぞらえるならば，精密・超精密を軽く超えたナノ技術に相当する難度なのである［コラム 7］．

〈海水の比重測定器と密度標準物質〉

比重測定器　熱帯魚など水生生物の飼育にとって飼育水，たとえば 70% の汽水をつくるに際し，水に浮かべてその目盛を読む浮沈型比重計が市販されている．代表的な赤沼式海水比重計の仕様によれば，

- 比重の測定範囲——1.012 〜 1.030
- 最小目盛——0.0005

であり，測定精度は有効数字 4 桁（相対精度 10^{-3}）といったところだろうか．この種の浮秤原理による比重計は簡便性が取り柄であり，水／海水の比重測定以外にも，石油，ガソリン，バッテリー液などの工業用比重計をはじめ，尿用比重計，酒精度計などに応用されている．

しかし，浮沈式比重測定器では，水棲生物の環境や生態系を調査するに必要な測定精度を得ることは難しい．水／海水密度変化を検出するためには，1 g/cm^3 前後の数値を 10^{-5} の分解能（約 0.00001 g/cm^3）で計測できなければならないからである．国際的には今日，

純水の密度温度表が作成されているが,それによると,1994年に豪州科学産業研究機構(CSIRO)が定めた雰囲気での水密度:999.9736 ± 0.0009 kg/m^3 が標準値となっている.ただし,下2桁は多くの実験数の平均値で,$2.1×10^{-6}$ 程度の不確かさを含んでおり,相対精度は約 10^{-5} と推測される.

密度標準物質と純水密度 そもそも,密度 ρ (kg/m^3) という指標は次式のとおり,質量(kg)と長さ(m)の次元で成り立っている.

$$密度\ \rho\left(\frac{\mathrm{kg}}{\mathrm{m}^3}\right) = \frac{質量\ M\ \mathrm{kg}\ (重さの測定)}{体積\ V\ \mathrm{m}^3\ (長さ・幾何形状の測定)} \quad ── (1)$$

したがって密度の絶対測定においては,「質量(kg)→キログラム原器」,「長さ(m)→メートル原器」と,それぞれの基本単位へ帰結される.その意味では本来,密度は質量と長さの基準単位によって定義でき,殊更,密度の標準単位を設定する必要はないわけである.しかし,現実に密度を計測しようとした場合,質量と長さの絶対測定からいちいち密度に変換するよりも,密度の絶対値があらかじめ計測された標準物質を基準として,それをもとに未知の物質の密度を比較測定するほうがはるかに便利である.もちろん密度測定機器の標準化と校正にとっても,密度標準物質の存在意義は大きい.

密度標準物質としては,純水,水銀,シリコン単結晶,溶融石英,結晶化ガラスなどが適宜用いられている.なかでも,純水は最も早くから取り入れられてきた密度標準物質(液体)であり,とりわけ1970年代,海洋開発の一環として,海水の性質や潮の流れを解明するため,海水密度のもとになる純水密度の絶対値を精密測定(相対精度 10^{-6})することが海洋科学研究委員会から国際度量衡委員会(CIPM)に要請され,このことが水密度測定精度の社会的意義を一般に認識させる契機となったようである.それではいかにして,浮沈型の海水密度測定精度を2桁アップ(10^{-5} オーダーをめざす)

させることができるであろうか？　それには，基準球の浮力測定法に頼るのが，今日では常套手段となっている．

〈**水密度の精密測定**〉

純水密度の精密測定には単純で原始的ながら，アルキメデスの原理による浮力測定法（密度標準物体を純水に沈めて浮力を測定）に勝るものはない．その計測原理自体は図 3-25 に示されるように，至って単純である．すなわち，求める水密度 ρ_w は，質量測定値 W_0, W_1, W_2 および標準球密度 ρ_m によって，次式で算出できる（なお，記号の説明は図 3-25 を参照）．

$$\frac{W_2 - W_0}{W_1 - W_0} = \frac{球体の密度\ \rho_m}{液体の密度\ \rho_w}$$

$$\therefore\ 液体の密度\ \rho_w = \frac{W_1 - W_0}{W_2 - W_0} \rho_m$$

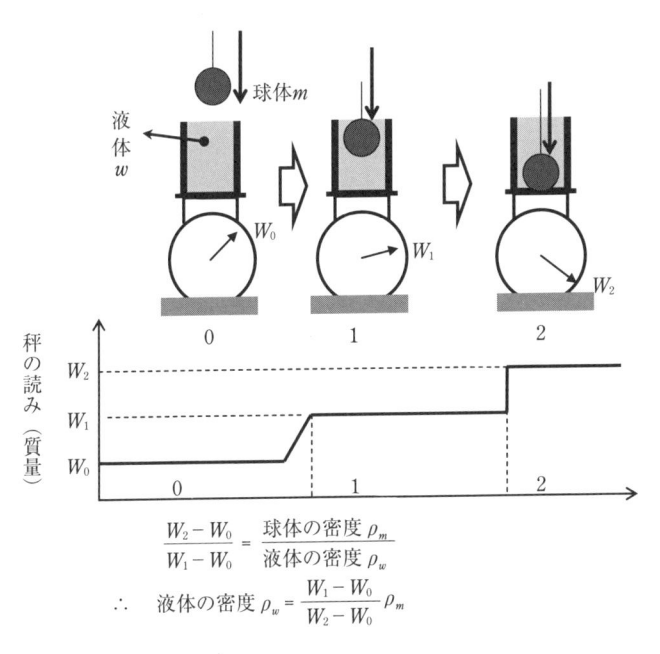

図 3-25　浮力による液体密度 ρ_w の測定

$$\rho_w = \frac{W_1 - W_0}{W_2 - W_0} \rho_m \quad \text{---} \quad (2)$$

当然のことながら，この手法で測定するには，水に沈める標準物体の厳密な密度値 ρ_m（＝質量 W ／体積 V）を知っておくことが前提となり，供される標準物体密度の精度保証についてあらかじめ検討しておかなければならない．

前掲の密度定義式(1)に従えば，標準物体密度の決定にはその質量 M（式(1)の分子）と体積 V（式(1)の分母）の保証が必要である．前者に関しては，高度な質量測定機器による直接測定によって十分その対応が可能である．難関なのが，直接測定の難しい後者への対応である．一般には，体積 V は長さから算出する間接法に頼ることになる．そのため，辺・径（長さ）によって体積 V を特定できる立体として，

　　立方体　$V = L^3$
　　円柱体　$V = \pi r^2 h$ 　　—— (3)
　　球体　　$V = (4/3) \pi r^3$

が選択される（図3-26）．過去には立方体や円柱体が採用されたこともあった．しかし現実問題となると，稜（線），角・頂点を有する立方体や円柱体には，完全鋭利な角部を形成し得ず，必ず角には丸みによる欠落が存在する．この丸み半径を正確に算出し，欠落部分の体積誤差を補正することはきわめて難しい．名刀や剃刀の刃先丸みを測定する技術すら未だ確立されていないことから見ても，その難しさを想像できるであろう．このような理由から，長さ測定のみから正確な体積を求められる形体として，ファセット角度や稜・角の存在しない球体が最適という結論に至る．ただしこの前提として，球体が完璧な真球でなければならないのである．したがって，この球体の真球度をどこまで高められるかが，浮力による密度計測法にとっての決め手になる．加えてこの球体の材質には，次のよう

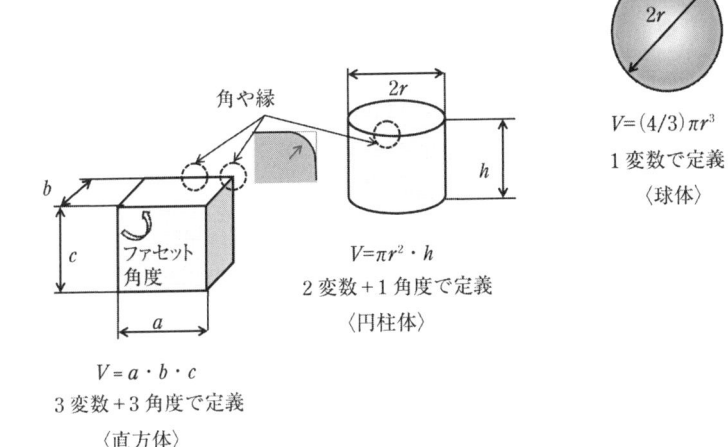

図3-26 立体の体積 V と定義パラメータ

な特性が望まれている．

- 高純度，無転位，大寸法の単結晶で，入手が容易である．
- 環境や経年変化に対し安定している．
- 比重が1に近い．
- 被加工性，特にラッピングやポリシングによる被研磨性にすぐれている．

以上の要求を満たす材料として，今日，溶融石英やシリコン，ある種の結晶化ガラス（SCHOTT社 Zerodur など）などが試用されている．

水密度測定用の標準球 水の密度を 10^{-5} の精度（有効数字6桁）で測定することを想定してみよう．それには前掲式(2)で，質量の測定値 (W_0, W_1, W_2) および球体密度 ρ_m のいずれにも，およそ 10^{-5} 以上の精度を保証しなければならないことを意味する．質量の測定精度についていえば，電子天秤なら測定精度 10^{-5} に対して十分余裕

第3章 真球を極める —— 83

をもって応じることのできる測定分解能を有しており，化学天秤の分銅の種類（0.001～100g）もその可能性を示している．

問題は，球体密度ρ_mの精度10^5をいかに保証できるかにかかっている．球体密度ρ_mを計算するに際し，長さの測定精度10^5にまったく問題はない．結局，体積Vの精度（10^5）を保証するに際し課題となるのが，真球誤差である．球の体積Vを算出する公式，$V=(4/3)\pi r^3$が完璧な真球を前提としたものであることから，体積精度の議論にとって，供される球体にどれほどの真球度を許容できるかが問われているのである．試算すると，真球からの許容偏差Δrの上限は次式で近似できる．

$$\Delta r = \frac{\Delta r}{4\, r^2} \quad \text{---(4)}$$

なお，テイラー展開による上式(4)の誘導過程については，図3-27

有効数字5桁を保証するための許容体積誤差$\Delta V = 0.5$

球の体積$V = (4/3)\pi R^3 = \underline{85333}.333333$

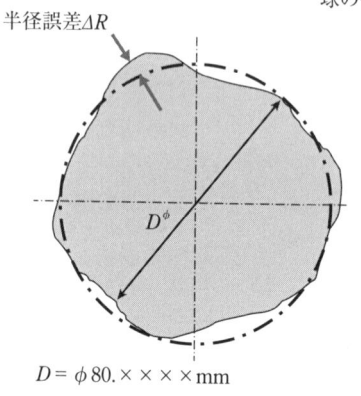

半径誤差ΔR

体積誤差$\Delta V = (dV/dR)dR$

$\qquad = 4R^2 dR$

$\therefore$ 半径誤差 $\Delta R = \Delta V / 4R^2$

$\qquad = \dfrac{0.5\,\mathrm{mm}^3}{4 \times 40^2\,\mathrm{mm}^2}$

$\qquad =$ 約 0.1μm 以内

（∴必要真球度 $2\Delta R : 0.2\,\mu\mathrm{m}$）

$D = \phi 80.\times\times\times\times\,\mathrm{mm}$

図3-27 密度測定用標準球の真球度

を参照してもらいたい．同図には径 80 mm ϕ の球体に対する許容真球度の概算値が示されている．この球の近似体積 $V \fallingdotseq 85333.333\cdots$ mm^3 であり，相対精度 10^{-5} に相当する許容体積誤差は $\Delta V = 0.5$ mm^3 となる．ゆえに，求められる真球度は式(4)により，約 0.2μm 以内と見積られる．

標準球の研磨加工　　水/海水密度を超精密計測するために現実問題として浮上したのが，体積誤差を許容値内に収めるべく 10^{-6} 程度の高い真球度に球体を磨きあげることである．それはまさに「真球を極める」世界であり，今日のハイテク技術を駆使してもそう簡単に成就できるものではない．

一般論として，密度標準球を単品加工するには，次のように多くの工程を要する．

①素材 ⟶ ②立方体の切出し ⟶ ③稜・角を落として面取りし多面体化 ⟶ ④砥石やバレルで面取りして粗球体に近づける ⟶ ⑤砂ずり（粗粒 GC #240-400）⟶ ⑥研磨皿・カップを用いた球体ラッピング（研磨工程：GC,WA 1200 # → 3000 # → 10000 # ⟶ ピッチラップ定盤 + CeO$_2$ 砥粒）⟶ ⑦成品

この加工工程でのコア技術は，いうまでもなく球体ラッピングという研磨技能である．ここで，東芝生産技術研究所による水密度測定用溶融石英標準球体の成品データ[21]を参考までに紹介しておこう．

- 材料——溶融石英ガラス（線膨張係数：約 0.5×10^{-6}，並質ガラスの約 1/10）
- 直径——85 mm ϕ
- 研磨法——浮上式ラップ盤（研磨皿＋摩擦円板）
- 真球度——0.1 μm 以内（相対精度 10^{-6}）
- 表面粗さ——0.01 μm Rmax（表面粗さは形状精度の 1/10 以下）

単結晶シリコン球によるアボガドロ数の測定
〈国際単位系 SI と 7 つの基本単位〉

　国際度量衡の制度（国際単位系 SI）が 1875 年に制定されて以来，国際原器に基づく単位の統一が世界的規模で実施されている．そこでの単位の定義は，実体物から物理法則へと変換されつつあるのが今日の趨勢である．たとえば，かつては実体物（地球の子午線の北極から赤道までの長さの 10^7）に基づいたメートル原器が，物理法則（真空中における ^{86}Kr 原子の桃色スペクトル線波長の 1 650 763.73 倍）に置き換わった．「時間」はセシウム 133 による原子周波数標準で定義される．かくして，7 つの基本単位，長さ (m)，質量 (kg)，時間 (s)，電流 (A)，ケルビン (K)，モル (mol)，カンデラ (cd) のなかで，未だに実体物による定義としてとどまっているものは，質量だけとなっている．すなわち，世界にただ 1 つしか存在しない 1889 年製作の国際キログラム原器は，白金 Pt（90％）－イリジウム Ir（10％）合金の円柱体分銅であり，パリの国際度量衡局（BIPM）に保管され，そのコピーである副原器（原器に対し誤差 1 mg 以下）が各国に配布されている．

〈物理法則に基づく質量原器〉

　物理法則による有力な質量原器の候補とされているのが，密度標準物質の原子質量 m_A である．もし，原子質量 m_A の正確な定量化が可能ならば，その値を質量の原器に据えることができるはずである．この発想を実現する手段として，アボガドロ数の厳密値の追究が開始された．なぜなら，以下に述べるとおり，アボガドロ数 N_A は物質密度 ρ と原子質量 m_A を結ぶ基礎物理定数だからである．

　アボガドロ数とは，物質量 1 モルに含まれる原子数（モル分子数）である．したがって，アボガドロ数 N_A を知れば，次式により原子質量 m_A が求められる．

$$原子質量\ m_A = \frac{物質の原子量\ A}{アボガドロ数\ N_A} \quad \text{---(5)}$$

上式(5)は次式(6)のように書き換えることができる．

$$\rho = \frac{n \cdot A}{V_c \cdot N_A} \quad \text{---(6)}$$

ここに，ρ：物質の密度，n：結晶単位胞に含まれる原子数，A：物質の原子量（モル質量），V_c：結晶単位胞の体積，N_A：アボガドロ数

そこで，結晶構造の既知である物質の密度ρ（kg/m^3）を実測すれば，アボガドロ数N_Aを逆算することができる．

〈アボガドロ数の決定〉

アボガドロ数N_Aの測定は，歴史的にはJ.ペランが天然樹脂ガンボージの粒子を用いたブラウン運動の観察に始まり（1909年），初めて$N_A = 5.5 \times 10^{23} \sim 8 \times 10^{23}$の値を得た．以来，その精度は着実に向上している．現在では，アボガドロ数N_Aは結晶の格子定数から求められ，最も信頼できる値として，$N_A = 6.0238 \times 10^{23}$/mole（有効数字5桁）が知られている．

シリコン単結晶（Si）は密度安定性にすぐれていることから，有力な密度標準物質候補のひとつである．しかも，高純度，無転位という完全性の高い大寸法シリコン単結晶の製造技術は半導体産業の興隆により，工業的にも高度のレベルに到達している．このシリコン単結晶を密度標準物質に選び，Si球を用いてアボガドロ数を有効数字8桁の精度で測定する国際共同研究プロジェクトが，メートル条約加盟国の代表からなる国際度量衡委員会によって計画された．

シリコン単結晶を密度標準物質に選ぶと，$n = 8$，$V_c = a^3$を式(6)に代入することによって，アボガドロ数N_Aを次式により計算できる（a：格子定数）．

$$N_A = \frac{8A}{\rho a^3} \quad \text{---} \quad (7)$$

もし，シリコン単結晶素材を理想的な真球に成形できれば，その密度 ρ と格子定数 a を絶対測定し，これに同位体組成比に関する考慮を加えることで，アボガドロ定数の測定精度を有効数字8桁まで高められるはず，と目論んだのである．

〈アボガドロ数計測用シリコン球〉

従前のキログラム原器の精度（1.000000169 kg ± 2.3 μg）は有効数字9桁である．アボガドロ数をこれと同程度のレベルで特定するには，式(7)からもわかるように，シリコンの密度 ρ を液中秤量法により少なくとも有効数字9桁で測定しなければならないことになる．NASA-ロッキード社による真球の世界チャンピオンデータ（真球度の直径比 1.8×10^{-7}）でさえ，この目標精度に2桁およばないのが現状である．やむなく当面は，キログラム原器の質量監視という目的のもとに 1×10^{-8} の目標精度を設定し，そこにアボガドロ数測定用単結晶シリコン球製作の意義を見出した（図3-28）．

シリコン単結晶を真球に創成研磨する挑戦は，1987年，オース

図3-28 アボガドロ数の測定を想定した単結晶シリコン球
（素材：新日本製鐵，研磨：芝浦工業大学，1995）

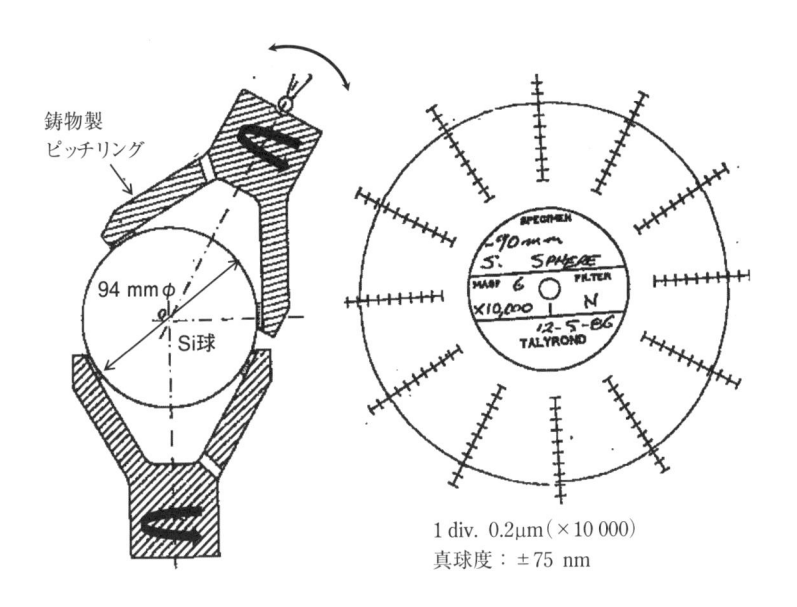

1 div. 0.2μm (×10 000)
真球度：±75 nm

図3-29 CSIRO による単結晶シリコン球の研磨[22]

トラリア連邦科学産業研究機構（CSIRO）とイタリア IMGC により共同でスタートした．定かではないが，CSIRO で採用したのは図 3-29 に示す 2 カップ研磨法のようである[22]．研磨カップとの磨り摩擦力によってワーク球がつれまわるというこの初歩的な研磨装置を用い，10 工程に近い磨きプロセスのすべてが手作業で進められたものと推察される．CSIRO によって創成研磨されたシリコン単結晶球は，キログラム原器に近い質量（約 1 kg）になるよう，球径約 94 mmφ が選ばれた．シリコン単結晶には結晶方位に応じた硬さの異方性があり，研磨技術による真球の極致までの到達は困難とされていたが，同所では真球精度はもとより，表面品質（粗さと加工変質層）もおそらく技能の力によって克服したのであろう．このシリコン単結晶球の加工精度として，以下の数値が公表されて

いる.

- 真球度——約 50 nm
- 体積の測定精度——0.38 ppm
- 密度の測定精度——0.39 ppm

不純物や表面酸化膜などを補正した結果,得られたシリコン球の密度"2329.0832 ± 0.0008 kg / m^3"は有効数字7桁を保証している. さらに,同位体の混入割合,結晶の完全性,加工表面の品質(変質層,酸化層,ガス吸着層)などのチェックも周到になされた.

一方わが国でも,ほぼ時期を同じくして工業技術院計量研究所が中心となり,このプロジェクトに取り組んだ.シリコン単結晶球(93.5 mmϕ)は CSIRO から導入したが,その単結晶シリコン球径の超精密絶対測定を試み,光周波数制御型干渉計により標準偏差 0.1 nm(分解能:2×10^{-11})で計測することに成功している[23](図3-30).また質量の測定では,空気密度の補正方法を開発し,1 000万分の6(有効桁数8桁)という高精度な値を得た結果,アボガドロ数を有効数字7桁で特定できた.これは従来の測定精度の1桁アッ

図3-30 シリコン球の直径を測る光波干渉計[24]

プである．現在,このシリコン単結晶球は密度の国家計量標準器(特定標準器)に指定されている．密度検定を受ける一般のシリコン単結晶球は，この標準シリコン単結晶球の密度を基準として液中秤量法などの比較法によって校正され，特定2次標準器として認定許可される．認定を受けた事業者は特定2次標準器の密度を基準として各種の密度計測機を校正し，一般のユーザーに供する．このような国家計量標準器への校正連鎖（トレーサビリティー）の確立に，シリコン単結晶球が一役買っているのである．

第4章

機械・光学要素としての球体

　生活のなかで密接にかかわっている球体といえば，玉軸受とレンズがある．ともに球体の代表的機能である「転がり特性」と「光学特性」を発揮する部品であり，これらなくして現代文明は成立しないといっても過言ではない．そればかりか，近年，球体への要求機能の高度化，多様化（表1-2参照）が一層進んでいる．このように中枢要素であるにもかかわらず，製品に隠れて目につきにくいため，一般の人に球体の重要さが認識される機会は少ない．球体という最も単純な形体を用いる要素技術にとって何が難しいのか，球体テクノロジーの奥深さを探ってみたい．

1. 転がり軸受

転動体による機械要素

　締結，組立，伝導，直動・回転などの機構をになう部品は，機械要素（機素）として国際標準化機構 ISO によって世界規模で規格化されている．なかでも直動・回転機素は，運動精度や低摩擦・摩耗の特長から，機構部品の設計にとって要諦となる．

　転動体（球，ころ，ニードル）を媒体とする直動・回転機素には多様な形式のものがあるが，なかでも，回転自由度に富み，転がり抵抗が小さく，高精度でかつ量産に適した鋼球を転動体とする下記の3つが直動・回転モジュールの代表格として，現代工業製品の性能と生産性を支えている．

- 玉軸受（ボールベアリング）
- ボール直動案内（ボールリニアガイド）
- ボールねじ

　転がり軸受（図4-1）は軸を支える回転ユニットであり，蒸気タービン，航空機のような大型機械から自動車，自転車，家電製品，OA機器に至るまで，その用途は広い．わが国だけでも1日に約1 000万個（年間約30億個）も生産され，世界市場の約4割を占めている．ボール直動案内とは転動球体をスライダーとレール間に挟み，低い転がり摩擦抵抗でスライダーの直線運動を実現する，ボールスプラインから発展した案内ユニットである（図4-2）．ボールねじ（図4-3）は，球体を介して送りナットと親ねじを嵌合させ，低摩擦トルクの下で直動送りを制御するねじ駆動ユニットである．NC工作機械の技術革新に貢献するという，技術史にその足跡を残した特筆すべき球体技術である［コラム8］．

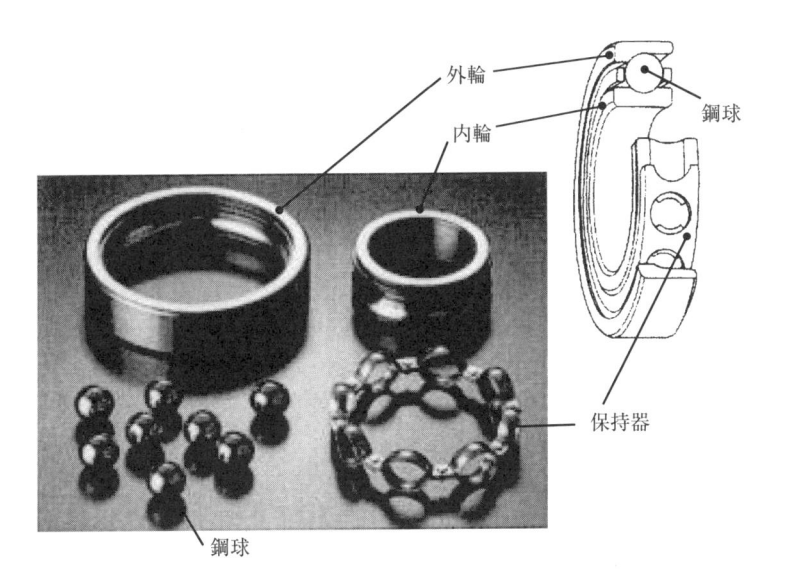

図4-1 玉軸受の構成

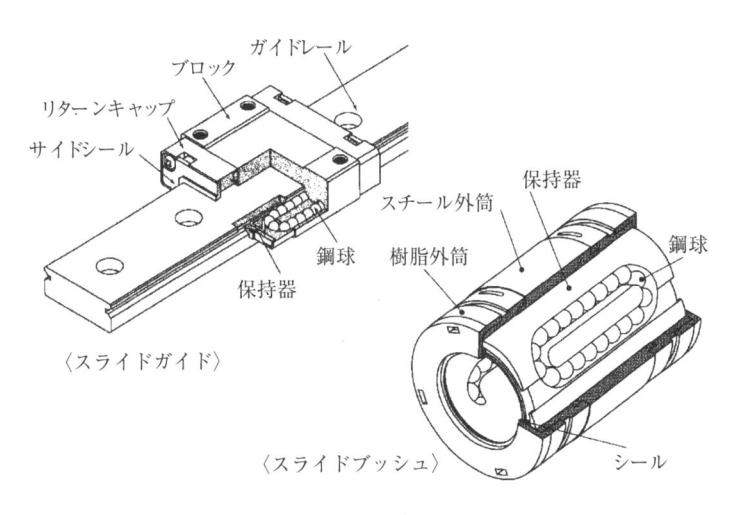

図4-2 ボールリニアガイドの構造

第4章 機械・光学要素としての球体 ── 95

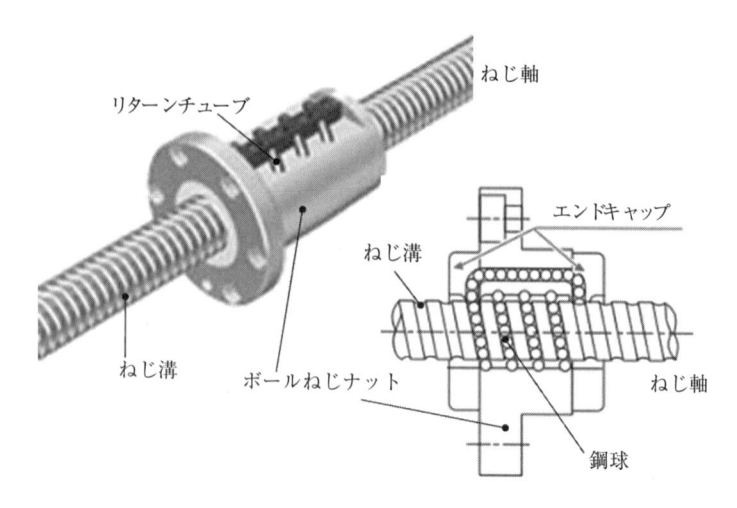

図4-3 ボールねじとその構造

コラム8

ボールねじ

　ボールねじのアイデアは約1世紀も前に特許化されたが，工作上の難しさに加えて決定的用途の欠如から長い間，日の目を見ることがないまま特許権も消滅していた．ボールねじに対するニーズが高まったのは，第2次世界大戦後のことであった．優れた伝達効率を利用してGM(アメリカ)が初めて自動車のステアリングに適用して以来，この技術進化は今日まで続いている．NC工作機械の萌芽，発展にとって必須部品として貢献したのは，NSK(株)によって1958年頃に開発・製造が開始された画期的な精密ボールねじであった．ファナック(株)がこの精密ボールねじを電気・油圧パルスモーターと併用することによって，初めてオープンループNC工作機械を実用化させることに成功できたのであり，NC工作機械の飛躍の予兆を日本から世界に発した歴史的出来事であった．日本が今日，NC工作機械やロボットにおいて世界のリーダーとしての地位を築くに至った蔭の功労者である．

玉軸受と鋼球づくり

　転がり軸受の dn 値，定格荷重，定格寿命などをメーカーのカタログから読み取り，最適な形式・品番を選定することは，機械設計の実務者にとって常識であるが，反面，転がり軸受は与えられる機素モジュールにすぎず，設計者自らが新たに生み出すものという意識が希薄となりがちである．しかし，工作機械の精密スピンドル用に購入した玉軸受をユーザーの手元で分解し，鋼球を選別し直して機能アップする例に象徴されるように，軸受技術の本質は転動体の科学的理解に基づかなければならない．

〈玉軸受の構造〉

　玉軸受は転動体（鋼球），軌道輪（内・外輪），保持器（リテーナ）から構成されている（図4-1）．その素材には耐熱性，耐摩耗性，耐食性が必要であり，高炭素クロム軸受鋼（SUJ），ステンレス鋼（SUS），ハイス（SKH）などの特殊鋼があてられている．玉軸受は滑り軸受に比べおよばぬ点はいくつかあるものの，比較的良好な回転性能（精度，騒音，耐久性・寿命など）と取扱いやすさ（組込み，交換，調整など）に加え，大量生産に適していることがその普及を促したといえる．

　玉軸受の機能にとって鋼球の役割は，円滑な転動運動にあることは当然である．しかし同時に，軸受寿命や剛性の管理にとっても鋼球は大きな役割を担っている．すなわち，取付け・組込み時に「外輪－ハウジング」あるいは「内輪－軸」の適切な嵌合を介して鋼球へ予荷重を与え，この負荷によって軸受剛性や軸受寿命を調整できることが，玉軸受使用にとっての妙味である．

　内・外輪の回転に引きずられて自転するとともに回転軸まわりを公転する鋼球にとって，遠心力も無視できない負荷となる．最近，強く推進されている主軸回転の超高速化においては，鋼球に対する遠心力対策としてセラミックス球による軽量化は大きな魅力である．

表4-1 軸受玉の材料特性

材料特性	軸受鋼 SUJ2	セラミックス Si_3N_4	セラミックスの適用による利点
耐熱性(℃)	180	800	高温下で高負荷能力
密度(g/cm^2)	7.8	3.2	転動体の遠心力の軽減による寿命の向上,昇温抑制
線膨張係数 (1/℃)	12.5×10^{-6}	3.2×10^{-6}	回転精度の向上,予圧変化の防止
硬度 Hv (kgf/mm^2)	700 〜 800	1 400 〜 1 700	高剛性
縦弾性係数 E(kgf/mm^2)	2.1×10^4	3.2×10^4	高剛性
耐食性	弱	強	特殊環境(海水など)下での使用
磁性	強磁性体	非磁性体	強磁界中での安定回転
導電性	導伝体	絶縁体	電食による損傷防止
結晶構造	金属結合	共有結合	抗凝着摩耗性

表4-1は,転がり軸受材料の代表といえるSUJ2をセラミックス材Si_3N_4(後出)とその材料特性について対比させたものである.また,中空金属球による重量軽減策が発案され,現在その研究・開発の途上にある.

〈鋼球の仕様〉

玉軸受用鋼球の仕様と品質については,日本工業規格[25]が定められている.その主要な数値を表4-2に抜粋した.鋼球の寸法(呼び直径)は0.3〜114.3 mmφの範囲であるが,これには約±10 μm程度のばらつきが許容されている.マイクロ機器やマイクロマシーンなどの登場に呼応して超小型玉軸受への需要が急増した結果,0.3 mmφ以下の極小鋼球も求められるようになってきた.

回転精度を左右する個々の鋼球の形状精度の評価には,その妥当性はさておき,直径不同が実務的指標として用いられている.鋼球の品質は真球度に加えて,直径相互差(同一ロット内での直径偏差)

表4-2 軸受用鋼球の精度（JIS B 1501から抜粋）

等級	呼び の適用範囲 （mm）	直径不同 （最大） （μm）	真球度 （最大） （μm）	表面粗さ Ra（最大） （μm）
3	0.3～12	0.08	0.08	0.012
5	0.3～12	0.13	0.13	0.02
10	0.3～25	0.25	0.25	0.025
16	0.3～25	0.4	0.4	0.032
20	0.3～38	0.5	0.5	0.04
28	0.3～38	0.7	0.7	0.05
40	0.3～50	1	1	0.08
60	0.3～65	1.5	1.5	0.095
100	0.3～65	2.5	2.5	0.125
200	0.3～65	5	5	0.2

も重要であり，規格によって保証されている．それは玉軸受には複数個の鋼球が組み込まれるため，直径相互差は軸受の回転精度を乱す元凶となるからである．とりわけ昨今，情報の記憶装置として使われるハードディスクドライブユニット（HDD）の記録密度の上昇に伴って，ディスクスピンドルモーター用小型玉軸受のラジアル振れを抑える要求が，たとえば数十nm以下というように，年々その厳しさを増している．避け難い直径相互差への対策として，玉軸受の組立に鋼球の選択・組合せ方式，すなわちセレクションマッチングあるいはランダムマッチングがとられている．

一方，広義には真球度に含まれるので量的規定はないものの，製造現場では球面ウエビネス（うねり）に対して過敏である．ウエビネスは玉軸受の振動や回転音を誘発すると危惧されているからである．その他，軸受鋼球は経時変化（時効変形）を伴うため，その抑制に適切な熱処理が求められる．

〈鋼球の製造〉

　1世紀を超える玉軸受の歴史を経て，今日，鋼球の大量ロット生産体制がほぼ確立されている［コラム9］．とはいえ，多工程と長時間を要する鋼球製造はベアリングメーカーにとって負担が重く，今日ではベアリングメーカーが鋼球を自社製造しているわけではない．国内では，軸受用鋼球の専業メーカー数社（(株)天辻鋼球製作所，(株)ツバキ・ナカシマなど）による寡占である．その製造技術はほとんど公開されず，詳らかでない部分が多いが，その工程の概要は図4-4に示されるようである．要点を以下に記す．なお近年，OA・AV機器の小型化に伴い超小型玉軸受の需要が増大しているが，このような超小型軸受用の鋼球でも，その製造工程の基本はそれほど変わるものではない．

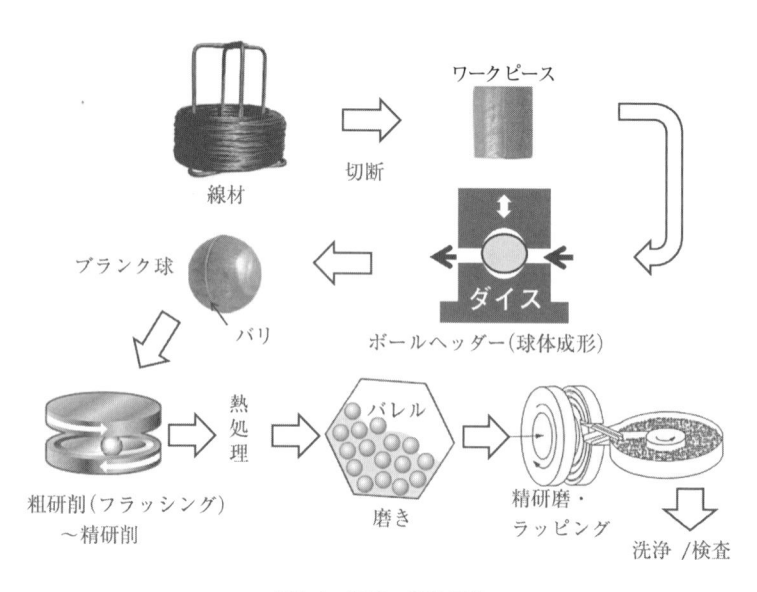

図4-4　鋼球の製造工程

コラム9

伝統的な鋼球加工からマイクロ鋼球づくりまで

ものづくり技術は，①道具と技能──→②動力化──→③ライン化──→④自動・システム化，のような進化の過程をたどり，成熟期に至るのが一般である．

鋼球づくりも100年有余の歴史を経て，当然このように進化するはずであった．今仮に，現行の軸受用鋼球の製造現場を見学すると，部外者の目には自動化という成熟のゴールに達しているように生産風景が映るのは必定である．しかし，鋼球の品質計測・管理技術や周辺機器を別とすれば，鋼球の加工技術の本質は"道具と技能"の時代，すなわち自転車のベアリング製造が開始した当時から，それほど進化していないのである．なぜなら，確かに現場では一見，自動化されたと思しき製造装置が稼働してはいるが，それらは五感に頼る職人の手動作を単に動力化したにすぎず，本当の意味での科学，論理性に基づいて球体加工原理を実践しているとはいい難いからである．一言でいえば，工作物（球体）の回転運動 R_W の制御をあきらめ，放棄しているのである．具体的には，球体創成の基本原理である回転2軸のなか，工具回転 R_T を自在に駆動制御できるのに対し，把持部を確保できない工作物（球体）の回転運動 R_W を意のままに制御する術が現在に至っても見出されておらず，その運動 R_W は摩擦力という得体の知れない作用に支配されたままである．

ところで近年，マイクロ機器（医療機器，マイクロマシーンなど）の登場に対応して，超小型玉軸受への需要が増している．たとえば，歯科用高速スピンドル，PCに内蔵されるIC冷却ファンモーター，HDD用超小型モーターなどでは，内径0.6～1.5mmφ，外径2～4mmφ，幅0.8～2mm，ボール径0.3～0.6mmφといった寸法仕様である．このような超小型玉軸受用の鋼球でも，その製造工程は従来のそれと基本的に変わることはない．一方，このような微小球の製造イノベーションをめざす新たな挑戦は，散発的ではあるが，行われてきた．たとえば，半導体パッケージ実装に用いるはんだボール（数十μm～1mm程度）の製造技術である均一液滴噴霧法が，ベアリング用ニアネットシェープ凝固球の製造に応用する試みがなされている．

粗球の成形　コイル状線材から所定の長さに切断された柱状ワークが，ボールヘッダーに送られる．ここでは，半球状の金型を介して冷間鍛造により粗球が連続成形される．金型の合せ目に成形バリが生じやすい．

フラッシングと研削加工　回転する2枚の溝付きディスク砥石の間に粗球を挟み込み，研磨圧を加えて成形バリと取り代を粗研削により除去し，数十μm程度の真球度に成形する．数万～十数万個のロット生産であることが，同一ロット内での直径偏差（直径相互差）の狭小化に有効である．

熱処理と表面処理　焼入れ，焼戻しにより硬度と靭性を鋼球に与えるとともに，材料組織を整え，残留応力を開放する．この熱処理条件は，軸受鋼球の疲労寿命や寸法安定性にとって重要である．ピーニング加工により表面残留応力を調整することもあり，その後，バレル加工などで表面を仕上げる．

球体ラッピングによる仕上げ　鋼球ラップ盤では，複数本の同心円V溝を彫り込まれた鋳物円盤（回転ラップ定盤と固定ラップ定盤）を対向させ，固定ラップ定盤の入口から鋼球を投入する（図4-5）．おおよそ二百数十個の鋼球が定盤内に同時に装填(チャージ)され，鋼球は加圧された状態でラップ定盤の溝内を逐次，固定ラップ定盤出口へ向けて転動しながら周回し，この間に溝との差動滑りによる研磨作用を受ける．そして1周回後に，固定ラップ定盤出口から一旦排出され，再びラップ定盤溝内へ投入される．このように周回ごとに鋼球が一旦外に排出されるのは，ラップ溝内を転動する鋼球の自転軸が固定化されることにより1周回中の研磨箇所が偏ってしまうのを避けるためである．すなわち鋼球の投入姿勢ベクトルのランダム性を利用して自転軸に変化を与え，鋼球全面を一様に研磨させることを意図している．鋼球寸法の管理は抜取り検査で行われ，直径が所定の数値に達したとき，作業の終了となる．1ロット

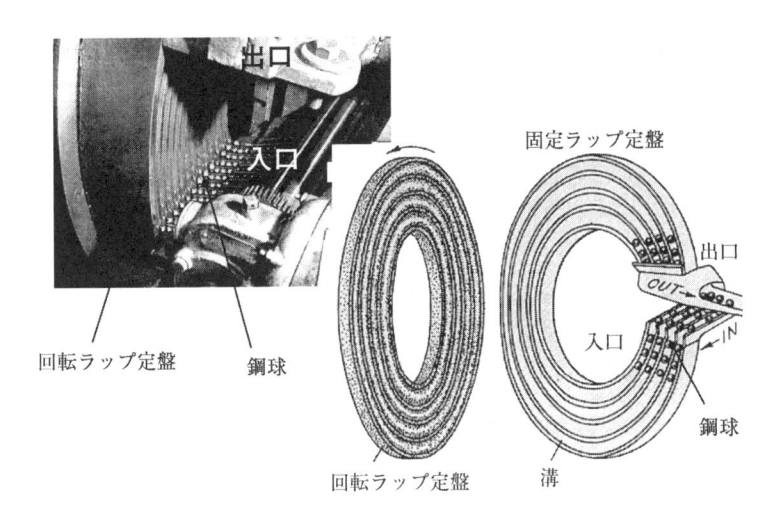

図4-5 鋼球ラップ盤における球の軌道溝[26]

の鋼球すべての研磨加工を終了するには一昼夜を要する．一般の平面ラッピングと同様，この鋼球ラッピング加工もまた，未だに経験と技能が幅をきかす暗黙知の世界にある．

洗浄と検査　鋼球に付着した油分，砥材，研磨カスなどの異物が洗浄される．鋼球には打痕や傷は禁物である．しかも，硬い鋼球といえども不用意に扱うと，意外なほど簡単に傷や打痕がつきやすい．そのため球面の性状には細心の注意が払われ，全品が目視検査される．

軸受用セラミックス球

玉軸受の用途は，極限環境条件下にまでおよんでいる．高温・高圧環境（ジェットエンジンなど），数万～十数万rpmにおよぶ超高速回転軸（工作機械の高速スピンドルなど），メンテナンスフリーの長寿命回転軸（ウインドミル用大型玉軸受など），潤滑油の使用

が許されない真空環境下での駆動機構・装置（真空機器など）がその事例である．

また，スペーストライボロジーと呼ばれる新技術分野での使用も注目されるようになった．宇宙ステーションの日本実験モジュール「きぼう」の組立に際し，宇宙飛行士若田光一さんが操作したロボットアームの映像をご記憶の方もいるだろう．宇宙開発機器にも，玉軸受やボールねじのような回転機素は一通り用いられているのである．

硬脆材料の典型といえるセラミックス素材 Si_3N_4 の材料特性には前掲した表 4-1 に見るように，金属に比べ破壊靱性が数十分の 1 という不安が常につきまとう．しかし，極限環境下で用いる玉軸受にとって Si_3N_4，ZrO_2，SiC，Al_2O_3 などの構造用ファインセラミックスは魅力に富んだ素材である．たとえばウインドミル用大型玉軸受（球直径約 50 mmφ）で落雷などの電荷による軸受玉の電食に対処するには，絶縁素材であるセラミックス球が必須である．今ひとつセラミクベアリングの使用が伸び悩んでいるのは，ひとえにそのコスト高にあるといわれる．高硬度，低破壊靱性というセラミック素材は，超難加工材である．そのため膨大な機械加工時間を要し，加工費が製造コストの約 7 割を占めるほどである．素材コストも炭素鋼の数十倍である．

参考までに，セラミックスボールの製造工程を図 4-6 に示す．混合（原材料粉末＋助剤）→　球体成形・焼成・焼結（ホットプレス）→　総型ダイヤモンド研削，の工程を経て粗球が成形される．それに続く研磨仕上げでは，鋼球の研磨工程をほぼそのまま適用できる．

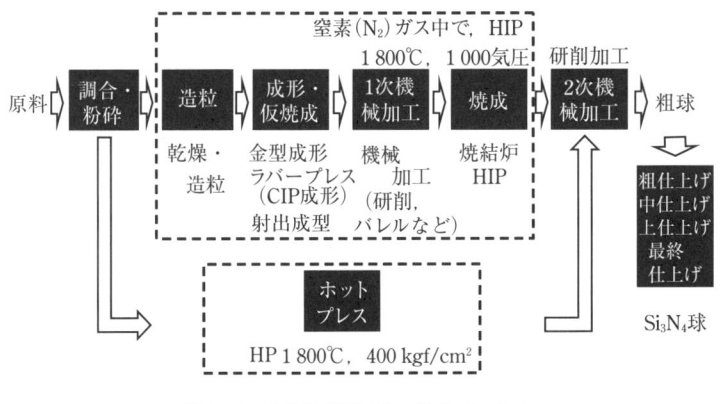

図4-6 軸受用 Si_3N_4 球の製造プロセス

2. ボールバルブとボールジョイント

　互いに接触しながら連接運動するメカニカルな対偶"凸球部（ボール）と凹球受皿部（ボールソケット）"は，すぐれた気密性と円滑な可動性を有している．そのため，気・液・粉体を輸送する管路の開閉や流量の制御，あるいは2軸間の運動・力を伝達する機構設計にとって，この球面対偶は有力な機械要素となる．前者にはボールバルブやボール逆止バルブがあり，後者の代表としてボールジョイントやボールピボットをあげることができる．

ボールバルブ

　バルブ（弁）とは，メカニカル機構により管路の開閉や流量の制御を行う機械要素の総称である．玉形バルブ，ボールバルブ等，コックと給排水栓類，さらには自動調整バルブ（逆止バルブ，安全バルブ等）など，バルブの種類は実に多彩である．日本バルブ工業会によると，年間国内生産量は3 000～4 000億円程度であり，そのう

〈玉型バルブ〉　　　　〈ボールバルブ〉

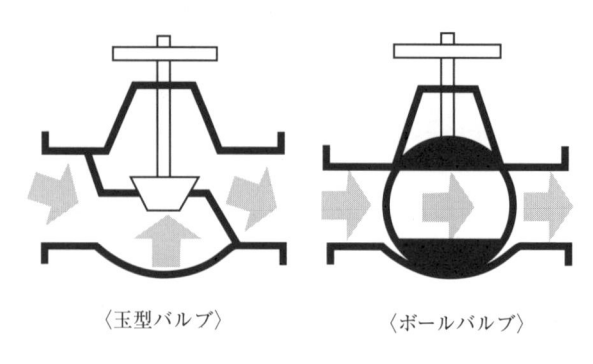

図4-7　玉型バルブとボールバルブ

ち玉型バルブ（図4-7左）がその4割前後を占めており，バルブの代表格とされている．一方，ボールバルブ（同右）の生産量も約3割あり，バルブ産業に占めるその需要の高さがうかがわれる．

〈構造と用途〉

ボールバルブは，弁箱，バルブボール（球体コック：球体の一部に穴・空洞を設けている），弁座の3要素から構成されている．直線流路で，かつ配管と同一口径であるボールバルブ構造によってその流路抵抗・圧力損失が小さいこと，また，弁棒（ステム）をクォーターターン（90°回転）するだけで開閉が完結するため，この小さなバルブ作動角度が迅速なバルブ開閉と高い操作性を可能とすること，などの特長をもつ．さらに，液体圧による自己密封作用を生じさせる構造（自封性；バルブを全閉すると液体圧に押されて，2次側の弁座にボールを圧着させるシール構造）によりシール性にもすぐれている．

このような特性をもつボールバルブは高温・高圧の流体，スラリーやスラッジを含む混相液体，あるいは粉粒やペレットの管路流れなどのオン・オフ，および分岐による方向制御に適しているが，反面，流量コントロールバルブとしての使用をメーカーはあまり推奨して

いないようである．用途はスチームライン，原子力発電［コラム10］，石油精製，石油化学，石炭ガス化などの高温・高圧各種プラントをはじめ，建築設備用，水道用，造船用など，工業用や民生用として多岐にわたっており，長年の実績を誇っている．粉粒体輸送パイプラインの閉止バルブとしてもっぱら重用されており，鉄鋼，

コラム 10

原子力発電とボールバルブ

　プラントにおけるボールバルブの果たす役割は目立たないが，決して無視できない．たとえば原子力発電所では，放射性物質の外部への漏洩は絶対に許されないし，1次冷却配管や主蒸気配管の故障が大惨事を招きかねない．そのため，たとえば，非常対応のために原子炉の主蒸気隔離弁には，全開から全閉まで5秒以内というスピードが要求される．このように，原子力発電設備における配管系の信頼性・安全性を保証するためには，バルブ作動の確実性，開閉スピードの高速化，放射性物質の漏洩を防ぐシール性（低漏洩率）が主要機能であり，ボールバルブにはこれらに対応し得る構造特性が備わっている．さらに加えて，もう1つの重要な課題がメンテナンスへの適応性である．原子力発電所の運営にとって，設備の定期点検は切実な問題である．特に，バルブ点検作業には放射線による被爆の危険を伴うため，本来，メンテナンスフリーであることが望まれるところである．シール性に優れているものの，バルブボールと弁座が常時接触・摺動しなければならないボールバルブの弱点がここにある．バルブ摺動面の摩耗，焼付き，かじりに対する不安を完全には払拭できないのである．結局，その安全性の保証のためにボールバルブの定期点検は欠かせないが，点検間隔を延長しようとするとその安全期間をいかに保証するかが最大の懸案となっている．

　しかし幸いなことに，ボールバルブは点検作業にとって比較的適した構造である．すなわち，一般のバルブではサイドエントリー型のため，点検に際して弁箱ごとに配管から脱着しなければならない．これに対し，ボールバルブの場合にはトップエントリー型であり，配管を弁箱に取り付けたままボンネットをはずすだけでバルブ内部の手入れが可能である．

窯業・鉱業などにおける高炉微粉炭吹込設備，セメント輸送，スラリー輸送，排煙脱硫装置では，欠くことのできない存在である．

〈仕様と加工技術〉

配管は世界的に規格化され，コックも JIS 規格化されている．これに対しボールバルブには，国際的には ISO 規格，国内では日本石油学会規格（JP）があるものの，JIS 規格や日本バルブ工業会規格（JV 規格）などの国内規格は未制定のままであり，ポートの形状も含めて各社が独自の仕様で製造し，製品を市場に供しているのが現状である．

寸法　バルブボール（図 4-8）についていえば，バルブメーカーが自社仕様で内製するケースが多い一方，バルブボールの専業メーカーも加わり，当然のことながら多品種小ロットで製造されている．ボールバルブは元来，あまり大口径に適さないとされていた．しかし近年，プラントの高出力化に伴い，バルブサイズも 1 m φ を超える大口径化が進みつつあり，これに伴い超大型のバルブボールもつくられている．一般的には，バルブボール径はおおよそ 10 〜 1 200 mm φ である．

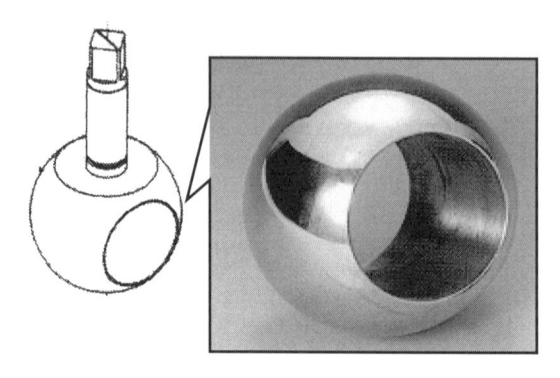

図4-8　バルブボールの外観

材質　汎用的なバルブボールには炭素鋼，鋳鉄・鋳鋼，青銅などがその母材として用いられ，その表面をクロムメッキなどで硬化処理したものが多い．高温・高圧下でのバルブボールには，耐熱・耐食性が要求されるが，そのような用途にはステンレス系母材が主体となる．

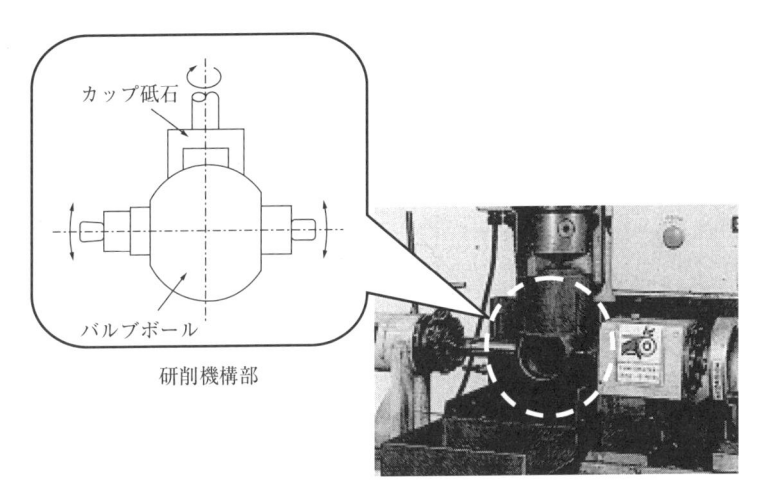

製造技術　バルブボールと弁座が常時接触していなければならない構造のために，ボールバルブには接触面の摩耗，かじり，焼付きのトラブルがつきまとう．そのため，ボールバルブ総体の加工精度を上げることによって，その機能（気密，漏洩，寿命など）を高めることが重要となる．とりわけ，バルブボールには高い真球精度が求められる．この真球精度は特に，微粉・超微粉用のボールバルブに対して厳しい．一般的には，バルブボールの真球精度 5～10 μm，表面粗さ Rmax 0.8～3 S 以下とされる．このレベルの真球精度を NC 旋盤などの汎用工作機械によって実現することはかなり難しい要求である．したがって，この寸法・真球精度の確保には，

図4-9　バルブボール専用研削盤

図4-10　球体磨き専用ユニット

各社独自に開発した種々の球体加工用切削・研削・研磨仕上げ専用機にもっぱら依存しているのが実状である．参考までに，代表的な2機種，球体研削専用機（図4-9）と球体ラッピング専用機（図4-10）の主機構部をそれぞれ示しておく．

球体によるシール機構
〈逆止ボールバルブ〉

ボールによるシール機素として，一般によく知られているのが逆止バルブである．最近では，その生産性の高さ，安定した品質，低価格などの長所を買われ，新しい人工心臓用ボール型逆止バルブの開発が進められているとの情報が伝えられるなど，新分野への展開も試みられている．

図4-11には逆止バルブの設計例を示している．シール用ボールの直径はおおよそ3.0〜30.0 mmϕであり，その寸法公差は±0.05 mm以下が要求される．ボールの材質には金属のほか，合成ゴムも用いられる．カーボンはもともとメカニカルシール材に利用されてきたことから，その実績をふまえてカルボン球が用いられるこ

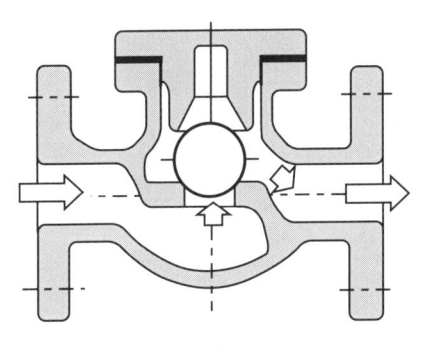

図4-11　逆止バルブ

ともある．金属球の製造法については，本書の各所で触れてきたとおりである．ところで，軟質なゴム球やカルボン球の製造には，意外にも研削加工が用いられている．半球状の凹みを外周に成形した溝付き砥石による総形研削が，バルブ用軟質素材ボールの成形加工法なのである．

〈鋼球によるガス漏れ防止装置〉

LPガス，フロンガス，塩素ガスなどの気体の外部漏洩は，火災や大気汚染防止のために厳しく規制されている．このような危険気体を扱う機器において，逆流阻止や圧力・流量制御に球体のシール特性を生かした種々の安全バルブ機構が開発されている．一例として，図4-12にあるLP容器用ガス漏れ防止装置のシール原理を示す[27]．平時，流速下では出口が絞られているため鋼球がおかれている空間の圧力が高まることによって受圧板が押し下げられ，仮に多少の流速変動が生じたとしても鋼球が弁座に密着することはない．しかし，配管がはずれるなどのガス漏れ事故で出口側の圧力が急激に下がると，鋼球のある空間の圧力も下降し，受圧板の上昇によって鋼球が弁座と密着し，ガスの漏洩が防止される．

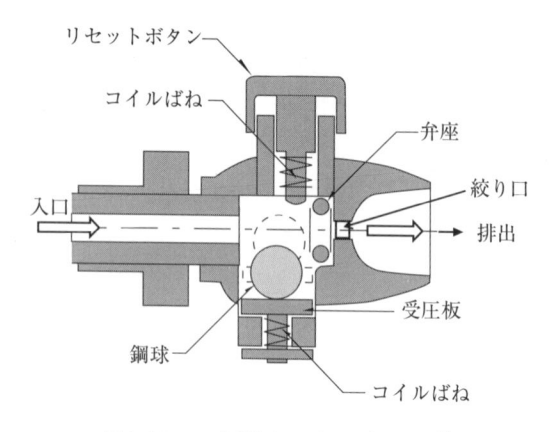

図4-12 LP容器用ガス漏れ防止装置[27]

〈球体シールド掘削機〉

　近年，都市の大深度地下開発が進められている．そのような社会のニーズを受けて，大手企業3社により共同開発されたのが，高圧メカニカルシールド機構を採用した球体シールド掘進機である（図4-13）．

　この掘進機の詳細は専門誌[28]に委ねることにし，そのシールド構造のみを簡単に記す．本機は，発進立坑を掘削するメインシールド掘進機に，水平坑トンネルを掘削するサブシールド掘進機が収納された球殻を旋回可能な形で内蔵している．まず，メインシールド掘進機が所定の深度に達した後，球殻部を直角に旋回させて，そこからサブシールド掘進機を発進させて水平坑を掘削する．立坑掘進中，および球殻部回転時には，球体シールドにより機内の止水性を確保しなければならない．深度100 m では，約1 MPa の水圧に対して止水できるシールド性能が要求されるが，この水圧に対して機械的シールドで対応している．球殻旋回部のシールドには，特に高い信頼性が要求される．そのため，外径約2 000 mmφの球殻の製

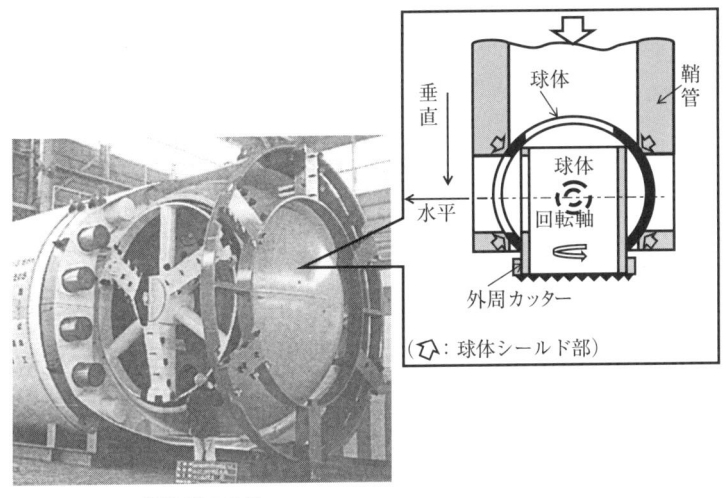

掘進機の全景

図4-13 球体シールド掘進機[28]

作精度が±10 mm 以内である．

ボールジョイントと人工関節
〈ボールジョイント〉

　玉継手の名のとおり，球体こまによる自在継ぎ手[29]である．凸球部（こま）とその凹球受皿部（ソケット）からなり，その摺動部はグリース潤滑され，凸球部が自由に回転することによって軸芯の振れなどを吸収しながら力・トルクをまわりの構造物に過大な負荷を及ぼすことなく自在に伝達できる継手である（図 4-14）．ボールジョイントの身近な用例として，自動車サスペンション機構があげられる．玉ピボットもボールカップリングの一種であり，軸が任意の方向に傾斜・回転することができる．

第 4 章　機械・光学要素としての球体 ―― 113

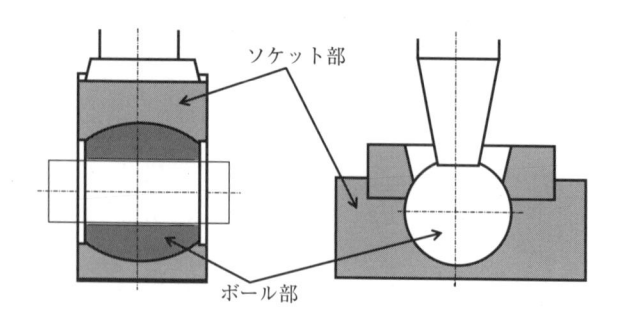

〈ボールジョイント〉　　　　　　〈玉ピボット〉

図4-14　ボールジョイントと玉ピボット

〈人工関節〉

整形外科用インプラント（体内埋込み型）製品のなかで，ボールジョイント構造を模したのが股関節などの人工関節である（図4-15）．今日，人工関節の市場は1 000億円弱といわれている．人工関節には，生体適合性が高くアレルギー反応などの危険のないこと，低摩擦・耐摩耗性に優れていること，などの材料条件を満たした次のような素材が一般的である．

- ソケット（凹球面カップ）——ポリエチレン
- ボール（骨頭凸球面）——コバルト・クロム・モリブデン合金
- シャフト——チタン合金

近年では，耐摩耗性・耐腐食性に優れたアルミナ・ジルコニア系セラミックス製の人工股関節が主流となりつつある．その普及の鍵は，セラミックスボールとソケットの凸球面・凹球面を加工するダイヤモンド研削技術，および長時間の仕上げ研磨（ポリシング）作業に要するコストの低減にかかっている．

現在，アブレシブウォータージェットを利用して人工関節骨頭凸球面を超精密に仕上げ研磨する，新しい加工技術への挑戦も始まっ

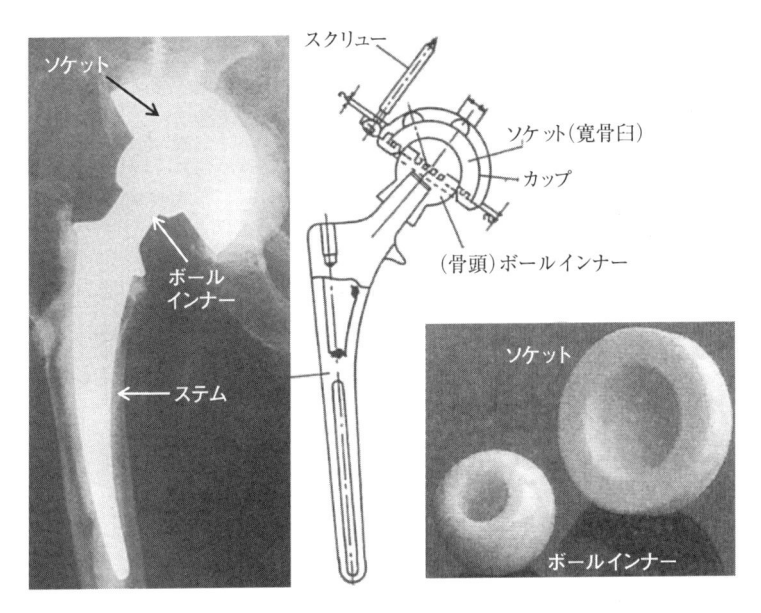

図4-15 全置換型人工股関節[30]とボールソケットジョイント

ている[31].

3. ボールペン先の転がり機構

ボールペンの誕生

　ボールペンの歴史は，ラジスラオ・ビロ（ハンガリー）が1919年にボールペンの原型ともいうべき筆記具を考案，その特許を取得したことに始まる．その後1944年に，アメリカでその商品化がなされ，日本には1946年頃，占領軍兵士が持ち込んだとされている．この筆記具には得がたい魅力があったにもかかわらず，当初，ペン先機能の不安定さからトラブルが頻発し，また，筆記文字・線の品質，インキの色（青），書かれた書類の長期保存性，改ざん防止へ

の信頼性不足などを理由に，官公庁での公式書類にその使用を認められない雌伏の期間が続いた．その後，製品の改良が進んで急速に普及し，今では公文書の筆記用具へ昇格している[32]．

今日，ボールペンの国内生産量は年間十数億本，その中で国内消費は年間4～5億本に達している．この数値は国民1人当たり年間4～5本を購入する計算になり，現在，筆記具（鉛筆，シャープペン，万年筆，ボールペンなど）総生産額の約2/3をこのボールペンが占めている．廉価でコモディティー化したボールペンは，使い捨ての筆記具として私たちの生活に定着した．しかし，その割にはこのしくみ，あるいは直径0.5 mm前後のボールペン先のミクロな実体について知られていない．

しくみ

ボールペンとはその名のように，先端の微小ボールが紙面に押し付けられると同時に，その接触摩擦により自由回転し，ボール表面に付着したインキを紙面に転写するオフセット輪転機に極似したインキ転写機構による筆記具である．ボールペンにとって，ボールの円滑な回転と描線幅を左右する筆圧こそが，その筆記機構の本質なのである．硬い下敷き上の紙面を好む万年筆や鉛筆に対して，紙厚の沈み変形を要するボールペンの決定的な違いがここにある．このことがカーボン紙・感圧紙にボールペンが賞用される理由でもある．

ボールペンは，図4-16に示すような構造になっている．その中核となる構成モジュールがレフィル（替え芯）である．レフィルの先端がボールペン筆記作用の機構部であり，チップと呼ばれている．チップはボールとフォルダー（保持部）からなる．ボールの過半はフォルダー先頭に包み込まれ，ボール落ちが防がれている．ペン先ではボール径の30％ほどが露呈している．インキはボール／ホルダー間のクレアランスから誘導される（図4-17）．ボールはコイル

バネによってホルダーに押し付けられているタイプが多く，非使用時にはクレアランスは閉じられ，インキ漏れが防止される．

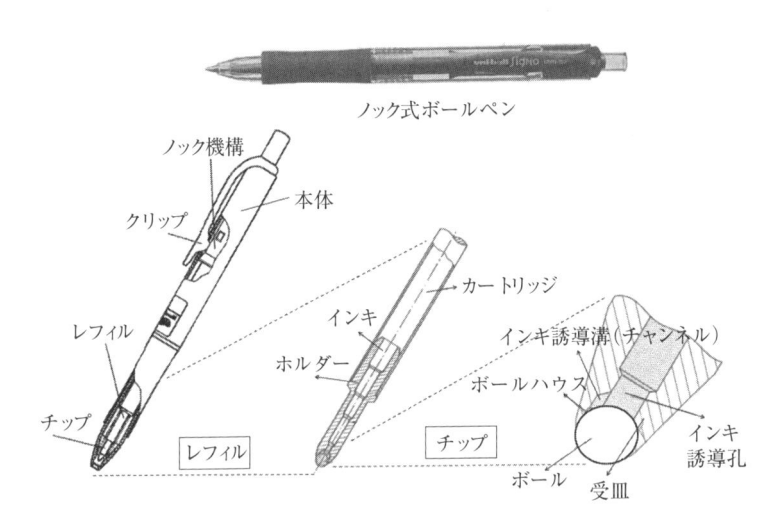

図4-16 ボールペンの構造

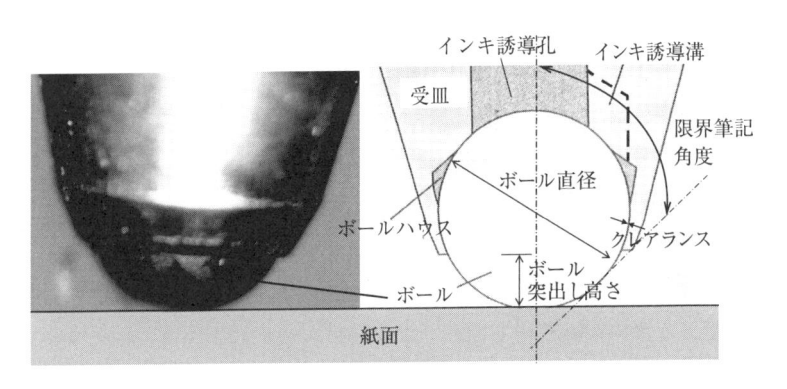

図4-17 チップ先端の詳細

表4-3 油性ボールペンのボール径による分類

JIS 規格による分類[25]		某メーカーの製品規格	略号
極細字用	0.65mm 未満	0.5 mm	EF
細字用	0.65 以上 0.85mm 未満	0.7 mm	F
中字用	0.85 以上 1.05mm 未満	—	—
太字用	1.05mm 以上	1.0 mm	M
極太用	—	1.2 mm	B
超極太用	—	1.6 mm	BB

〈ボール〉

ボールペンに使用するボール径は,描線幅に応じて表 4-3 のように分類される[33].これらのボールには,寸法精度(直径相互差:0.2μm 以下),円滑な転動のために高い真球度(直径法により 0.1μm 以下)および表面粗さ(Ra 20 nm 程度)が要求される.ボール素材には高硬度,耐摩耗性,インキとの濡れ性,防錆などの材料特性が望まれる.普通,超硬合金(WC)が用いられるが,水性インキに対してその防錆効果が十分とは言い難い.炭化ケイ素(SiC),酸化ジルコニア(ZrO_2)などのセラミックスボールを採用する理由のひとつがこのあたりにある.

〈ホルダー〉

インキをボール表面まで誘導するのがホルダーの使命である.その構造は,インキ導入孔,導入溝,受皿,クレアランスからなる.ボールの回転にとって受皿は軸受メタルに該当する.筆圧(1〜2.5 N)を受けるボールの円滑な回転を促すには,受皿は高硬度のボール素材になじみやすいものでなければならない.そのため,ホルダー材質には比較的軟らかい真鍮,洋白,ステンレスなどが用いられる.クレアランスはボールの円滑な回転とインキ導出量の管理にとって

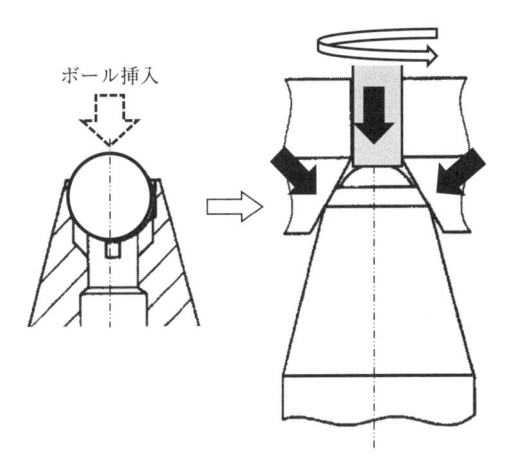

図4-18 カシメ加工

の決め手であり,適正な値(0.2 mm 程度)を確保しなければならず,その調整はボールをチップに挿入後のカシメ工程で行われる(図4-18).

書き味と描線

店頭に並べられたボールペンを購入するとき,製造メーカーによる性能差を意識することがあるだろうか.図4-19にはボールペン品種の選択理由を調査した一例である.使い勝手,デザイン,価格というように,嗜好や感覚,価格を選択理由とする割合が圧倒的に多い結果には納得できる思いがする.ボールペン性能・品質のメーカー差がなくなった,すなわちボールペンが成熟製品化した証である.ボールペンは,性能・品質では最早差別化し難い,意匠性と価格を重視する製品なのである.

それでは,ボールペンの性能,品質とは具体的にどのように判定,評価されるのであろうか.すでにボールペンによる筆記文字の品質

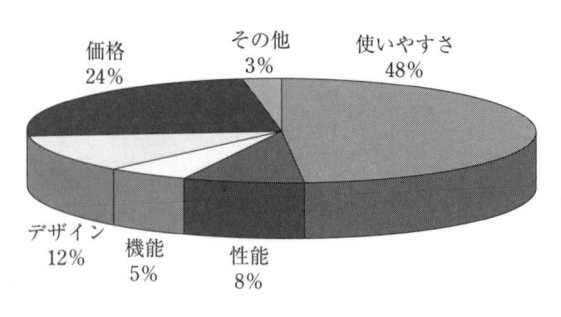

図4-19 ボールペン購入時の選択肢

に関するJIS規格[33)]が制定されており,そこでは所定の筆記速度(6.7 cm/s)や筆記荷重(1.96N)による筆記試験法と摩擦試験機が具体的に規定されている.

〈描線の品質〉

インキ筆記具の描線品質を考えるとき,一般論として紙上へ等厚・等幅なインキ膜の塗布を理想とするが,現実は筆記機構に大きく依存する.そこで,インキをボール表面に付着させ,それを紙面に押し込み転写するというボールペンの筆記機構について,その描線品質を考察してみよう.

描線幅 ヘルツの弾性接触論によると,"球−平面"の接触円直径 d は(筆圧 P ×球径 D)$^{1/3}$ に比例する.この理論から見ても,描線幅の管理がボール径の選択によってなされるのは当然である(表4-3).ボールの径に対する描線幅の比率を転写率と呼ぶ(図4-20).転写率はボールの筆圧(紙面の凹み深さ)によっても左右され,ボール径の25〜70%程度と見積られるのが普通である.

描線濃度 クレアランスやボールの回転不調に加え,インキの濡れ性や潤滑性は描線の濃度(インキ膜厚)とそのばらつき,かすれ,線切れなどを左右するため,描線の品質を論じるうえで重要な因子である.ペン先の機構部が画一化した今日,インキはボールペ

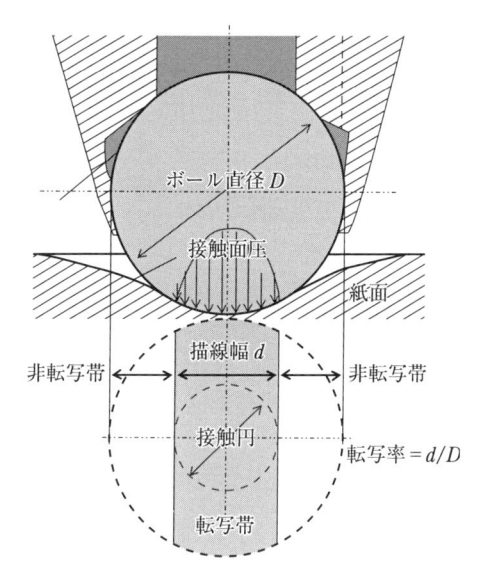

図4-20 ボールペンの転写率

ンの描線品質にとって残された数少ない差別化要素となった．図4-21は近年のボールペン特許を分類したものだが，インキ関連特許の格段に多いことがわかる．JIS[33]では，"かすれ"および"濃度のばらつき"のない筆記距離が300 m以上であること，描き始めから20 cm以内で円滑な筆記が始まること（初筆性）などを謳っている．しかし，ボールペンの描線がボールによる紙面の凹み変形に基づいている以上，幅方向にインキ厚み変化が形成され，中央部に割れ・かすれが生じがちなことは致し方ない．一方，ボールペン特有の機能欠陥として，ボタ落ちがある．ボテともいい，ボールの非転写帯（図4-20）にインキの溜まり（泣き出し）ができ，この塊がボタリと紙面に落ちる現象であり（図4-22），今のところ完全解決の妙案は見つかっていない．

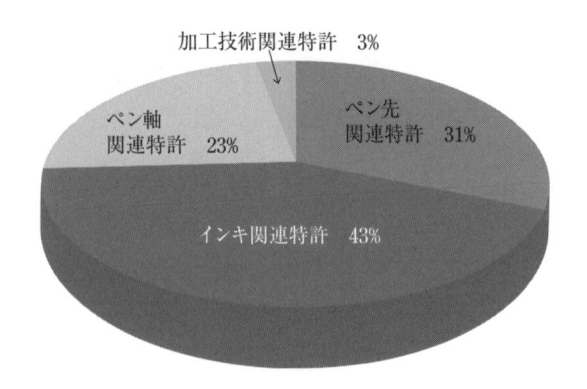

図4-21 特許に見るボールペンの差別化

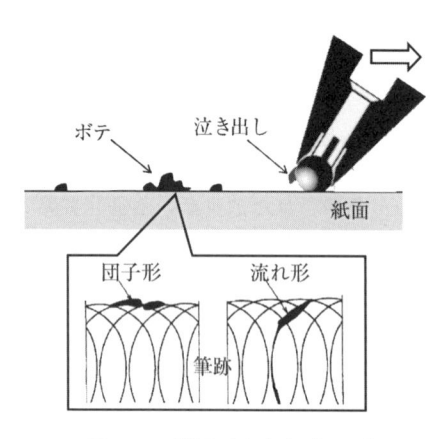

図4-22 「泣き出し」と「ボテ」

〈インキの種類〉

インキの品質には浸透性と裏抜け,乾燥性,耐水・耐光・保存性,抗消去性(改ざん防止)などがある.当初は濡れ性・潤滑性に富んだ油性インキが主体であった.油性インキは粘度が高いため滲みにくいのが特長であるが,書き味はやや重く,書き出し時にかすれる

嫌いがある．そこで開発されたのが水性インキである．水性インキは日本の発明とされ，サラサラで書き味は軽く，ボテの防止効果はあるが，油性インキに比べ粘性や潤滑性に劣るためインキの漏れやボール回転の平滑性に難がある．そこで，油性と水性の両者の長所を兼ね備えたインキとして1982年頃に現れたのが，水性ゲルインキである．ゲルとは容器内での静止状態では油性のように粘度が高く，流動する筆記時には水性のようにサラサラになるチクソトロピー性を有する溶液であり，発色性にも優れている．

〈ペン先の寿命〉

ボールペンの機構部であるチップ先端の摩耗は，"ボール／受皿"における回転摺動によって引き起こされる．仮に，$\phi 0.3$ mm のボールペンによる平均筆記速度 $V=1.5$ m/min を想定してみよう．ボールの回転数は約1500 rpm となる．V が 4.5 m/min ならば，約4500 rpm の高速回転となる．ボール径が小さくなると（細書き），回転速度はさらに上がる．

一方，筆圧（1〜2.5 N）は"ボール／受皿"および"ボール／紙面"の微小な接触面で支えられる．径 0.3 mmϕ のボールを仮定すると，いずれも実接触面積は 0.01 mm^2 のオーダーであろう．したがって，ボールは数 ton/cm^2 の接触応力を受けることになり，かつ電動モーターの回転数を超える高速下で摺動する"ボール／受皿"あるいは"ボール／紙面"の間には，インキという潤滑剤を介するとはいえ，激しい摩擦摩耗が生じても何ら不思議はない．実験によれば，受皿の摩耗量：100〜700 μm/500 m などのデータが得られている．この摩耗がボール沈み（ボール径や受皿の減耗によるボール突出高さの減少）を生じさせた結果，限界筆記角度（図4-17）の増大，クレアランスの拡大によるインキ流出過多，ボール落ち（ボールの飛出し）などのトラブルにつながることとなる．

この結果，ボールペンの筆記可能距離には摩耗による限界値（寿

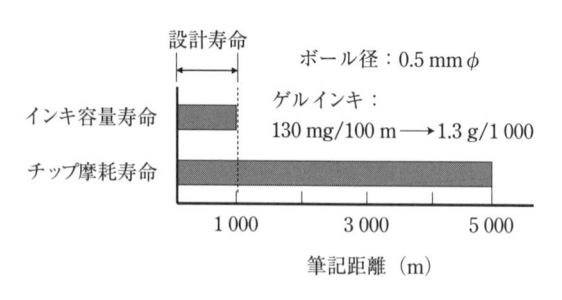

```
          設計寿命         ボール径：0.5 mm φ
        ←―――→
  インキ容量寿命 ▓▓▓▓      ゲルインキ：
                           130 mg/100 m ―→ 1.3 g/1 000
 チップ摩耗寿命 ▓▓▓▓▓▓▓▓▓▓▓▓▓▓▓▓▓▓▓▓
           1 000    3 000      5 000
                   筆記距離（m）
```

図4-23 ボールペンの寿命設計例

命）が存在する．多分，筆記距離にして数千 m のオーダーであろう．ただし，現実のボールペンは，"インキ容量寿命＜チップ摩耗寿命"を前提条件に設計しているために，製品寿命はインキ容量によって決定される．それは，もしこの逆が生じると（インキが残っているにもかかわらずボールペンの筆記機能が失われると），損失感が大きいという消費者心理を見越した商品戦略なのである．ボールペンの寿命設計例を図 4-23 に示している．筆記距離で平均 1 300 m，インキの消耗量で約 2 g は，400 字詰め原稿用紙 100 枚（約 4 万字）程度に相当する．そして，インキを消耗し尽くすまでに，ボールは約 60 万回転する計算になる．

〈書き味〉

ボールペンはその機構上，描線幅を確保するための筆圧を要するため，手に加わる力（筆記抵抗力）は筆記用具のなかで最も大きい．しかし，方向によらない滑らかさが軽い筆記感となり，滑らかすぎて頼りなさを与えかねない．受皿でのボールの円滑回転にとってインキは潤滑剤の役割を兼ねている．その意味で，水性ボールペンは油性ボールペンに比べ書き味が多少劣るようである．ボールペンの筆記抵抗（転がり摩擦係数）は，常識的には 0.15 ～ 0.25 程度とされる．JIS では筆記試験機による試験法をこと細かく指定し，書き

味の定量評価をめざしている[33]．

筆記時にボールに加わる力を受皿が無理なく支えるよう，筆記角度 60 ～ 90°が推奨される．あまり寝かせすぎると，ホルダーのカシメ部が紙面にあたるなどの不都合が生じる．この限界筆記角度は約 60°である．筆記機構上，ボールペンを上に向けては書けない．上向き・水平姿勢の場合，重力で下降したインキが逆流を引き起こすからである．それを防止するため，インキカートリッジ内に高圧気体を詰め込むなどの特殊な工夫が加えられたものもある．無重力空間で宇宙飛行士が用いるボールペン（スペースペン）はこの種のものである．

4 球レンズ

マイクロ球レンズ

レーザー，光ファイバーなどをからめた光通信技術が急速な進歩，発展を遂げつつあるなか，オプトエレクトロニクスの果たす役割はますます高まっている．マイクロ球レンズ（全球面の単レンズ）は，微小径と短い焦点距離を利して，小型化への対応に限界の生じた従来の凹・凸レンズ（部分球面）を補填する光学素子として，欠くことのできない存在となった．

〈**球レンズの光学**〉

球レンズの光学特性解析には，一般の凹・凸レンズの光学理論が，基本的にはそのまま適用される．この光学原理に則ると，光軸に平行な光は，球レンズによって光軸上の 1 点（焦点）に集光する（図4-24）．この焦点距離を f とすると，次式のように導かれる．

$$f = \frac{N}{2(N-1)} R \quad \text{―― (1)}$$

ここに，R：ガラス球の半径，N：素材ガラスの屈折率

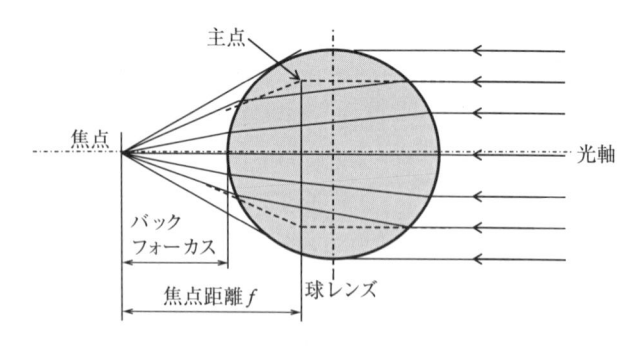

図4-24 球レンズの光学

　前式より球レンズの焦点距離 f は，球径を変えることで自由に設定できることがわかる．ちなみに，直径 2 mm φ のガラス球レンズ（材質 BK7，屈折率 N : 1.5168）の焦点距離 f は，約 1.5 mm となる．屈折率の大きなダイヤモンド（N : 2.42）は球内に集光するため，美しく輝くのである．

　球面レンズにおいては，レンズの中央（光軸）付近を通過する光線は 1 点に収束するが，光軸から離れたレンズ外縁部を透過する光線は，焦点近辺に発散する．このように集光点が焦点のまわりに分散する現象（光学収差）は結像のぼやける原因であり，レンズにとって天敵である．収差の生じる原因にはいくつかあるが，球面であることによってもたらされるのが球面収差である．部分球面の凹・凸レンズに比べ，球レンズは全球体であることから球面収差が顕在化することになる．

〈用途〉

　マイクロ球レンズはその径が 2 ～ 10 mm φ 程度と小さく（図4-25），単レンズで使用されるため短い焦点距離が特徴となる．一方，球面収差が普通の凹・凸レンズに比べ大きいことは，結像を目的とする用途には適していないことを意味している．そこで自ずと，ファ

イバーカップリング("発光素子／光ファイバー"や"光ファイバー／光ファイバー"を結ぶ光導波路の結合素子，図4-26上），ファイバーからの出射光の集光レンズ（図4-26下）やコリメーター（平行光線束の光源），マイクロ光スイッチ[34]など，導光効率の高さを

図4-25　マイクロ球レンズ

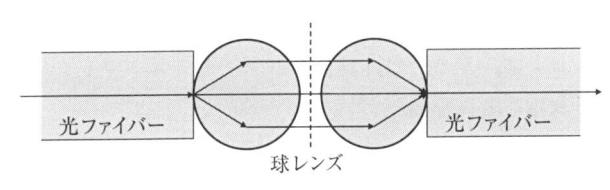

〈光ファイバー間の結合〉

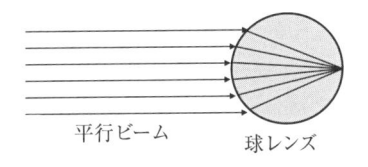

〈平行ビームの集光〉

図4-26　球レンズの用途

第4章　機械・光学要素としての球体 ── 127

生かして光通信系や照明光学系の単レンズとして活用されることになる．また，レンズが完全球体であることは，小型光学機器の精密組立・調整にとっても好ましい．たとえば，金属部材と線膨張率が近い高膨張ガラスのマイクロ球レンズは，良好なマッチング性を買われてレーザー光信号のコネクター用に導入されている．

〈製法〉

マイクロ球レンズ（2～3 mmϕ）の製法には，伝統的なレンズ研削・研磨法をそのまま転用できない．建前論でいえば，マイクロ球レンズのような完全球体は，量産にとってむしろ好都合なはずである．たとえば，非球面レンズモールド金型へのプリフォーム成形材としてガラス粗球が使われているが，このようなマイクロ粗球の大量生産には溶融ガラスのモールド成形法が好適である．しかし，あいにくマイクロ粗球の需用は多様な素材組成に加え，小ロットである．このような変量生産に対応するには，モールド成形よりも砥粒加工に頼るほうが製造原価を考えると得策である．そこで，代表的なマイクロガラス粗球生産プロセスを図 4-27 に示す．加熱成形されたガラス玉（精度 0.2 mm 程度）は研削・研磨工程を経て，マイクロ球レンズ，あるいは非球面レンズのモールドプレス用粗球として供されることになる．

さて，マイクロ粗球の砥粒加工における最大の技術課題は，仕上げ研磨にある．ベアリング鋼球に象徴されるように，金属球の研磨加工には長年にわたるノウハウや経験が蓄積されているが，ガラス球の研磨加工にそれらをそのまま適用できないからである．その理由は，ガラスという脆弱な材料特性もあるが，むしろ生産ロット数の違いによるところが大きい．ガラス球の研磨加工は，ベアリング鋼球のロット数（数万個～十数万個）には到底及ばない，少量生産なのである．さらに，光学ガラス粗球の取引価格がきわめて安価であるという事情も重なり，自動研磨装置への設備投資が難しいとい

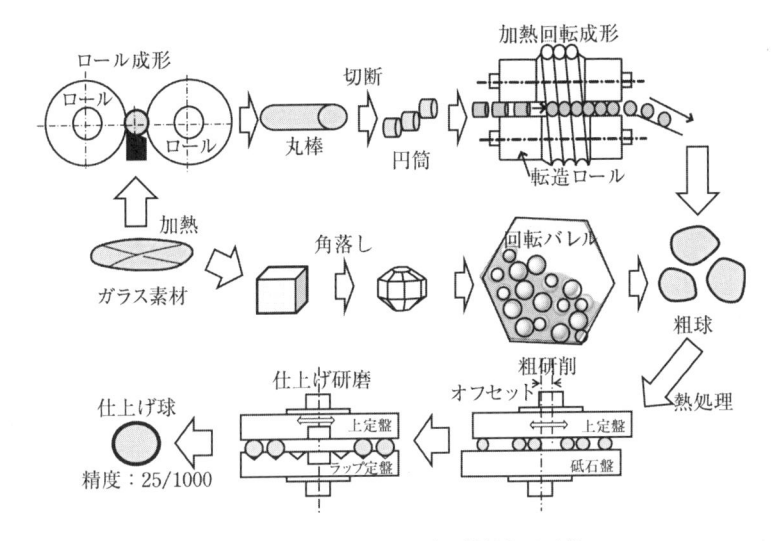

図4-27 マイクロガラス球の機械加工工程

う現実がある．結局，付加価値の高い特殊な球レンズは別として，ガラス球の研磨は溝付き平面ラップ盤などによる労働集約的な生産体制に頼っているのが実状である．

再帰反射ミラーとガラスビーズ

再帰反射とは，ミラー（反射体）が入射光をそのまま入射方向へ反射して返す特性のことである．再帰反射体としては，プリズムレンズ型，球面レンズ型，ガラスビーズ型などが考案されてきた．なかでも，プリズムレンズ型は最もポピュラーな再帰反射ミラーとして知られ，実用されている．しかし，これらのミラー設計では，上下方向と左右方向の安定した再帰反射特性を確保するために複雑なミラー形状・構成となりがちで，設計・製作には多くの難題を抱えていた．そこで浮上したのが，球体再帰反射ミラーである．

第4章 機械・光学要素としての球体

〈プリズム型再帰反射ミラー〉

　この再帰反射機構は道路脇や路面に設置されている視線誘導標識（図4-28）や自転車のリフレクターに使われた実績をもつ．このタイプは視覚が比較的狭く，入射した光量の20〜25％程度しか再帰反射されず，しかも再帰反射光の大部分は空間で散乱させられるために，遠距離になると運転者の目に届く有効な光量はわずか2％程度にすぎないとされている．一方，リフレクティブカラーコードとは，色の配列や組合せによる自動認識コードの新商品であり，その構造・原理はカラーシート背面のプリズム状反射素材による再帰性反射である（図4-29）．このコード方式は，従来のバーコードや2

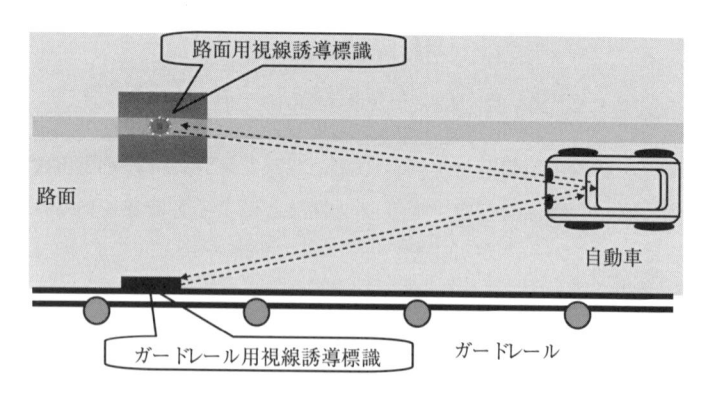

図4-28　再帰反射式視線誘導標識

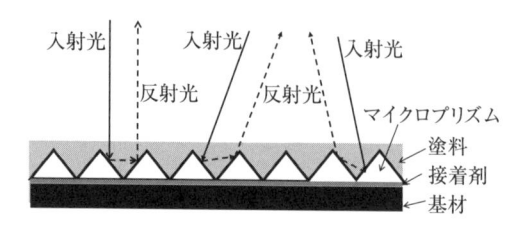

図4-29　マイクロプリズム式再帰反射シート材

次元コードがもつゆがみやボケに弱いという弱点をカバーでき，かつ色彩の認識さえできれば機能する，優れた遠隔認識能力（10 m以上も可）を発揮できる．物流における移動体（物品）の特定などへの応用が期待されている．

〈ガラスビーズ型再帰反射ミラー〉

マイクロ球に入射した光は，2回の屈折と1回の反射を経て入射方向に近い角度で出光する．水滴がミラーになると，入射光に対して約40〜42°の偏り角度で出光する．空中の水滴に入射した太陽光が反射し，虹が見える原理である．もし，マイクロガラス球の出光方向が入射光方向に完全に一致させることができるなら，再帰反射ミラーとなる（図4-30）．

ガラス球の再帰反射率にとって重要なのは，光の屈折率である．普通程度のガラス屈折率では反射効率が低く，ともすればまったく反射しない．そこで，より高い屈折率のガラス球を用いることによって再帰反射性を高めたのが，再帰反射マイクロミラー球である．これを反射材料として利用しているのが，夜間運転時の安全性確保のための交通安全用品（道路標識，道路反射ミラー〈図4-31〉，道

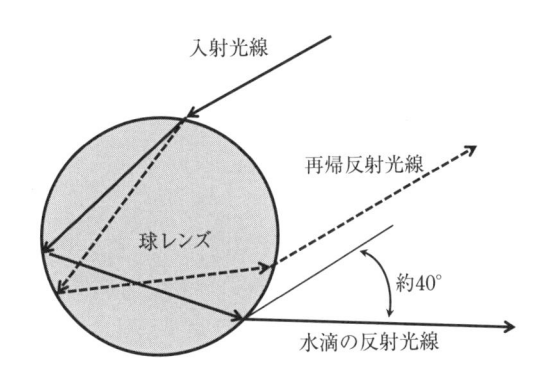

図4-30　球レンズによる再帰反射

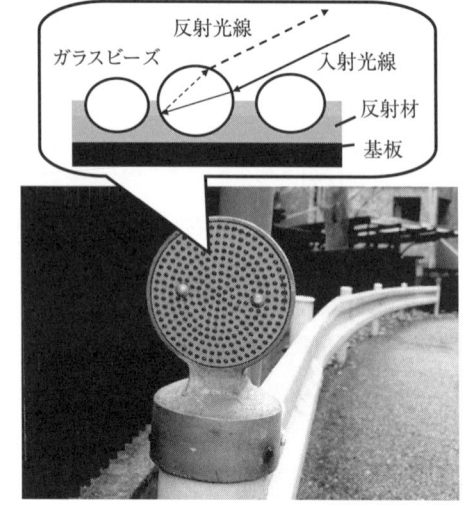

図4-31 交通標識用ガラスビーズ

路鋲などの路面用視線誘導標識,安全チョッキ,各種リフレクター等)や路面標示用塗料などである[コラム11].マイクロガラス球の再帰反射性を利用したその他の用途として,マイクロガラス球が塗布されたスクリーンが知られている.平面散布されたマイクロガラス球による再帰反射が,映画やスライド用スクリーン画面を明るくする効果を発揮する.

キャッツアイ

固定された複数の基準点からリトロリフレクター(レーザー測長用反射ミラーを取り付け,レーザー光を180°方向転換させる光学部品)までの距離をレーザートラッキング干渉計によって追尾し,その測距離から目標物の位置座標や運動経路を3次元的に決定する光学レンズ系を構成できる[35].このリトロリフレクターとして,超

―― コラム 11 ――

路面表示用塗料と再帰反射ガラスビーズ

　交通事故防止のために，自動車道路の道路標識と区画線には，「必要に応じて反射材料を用いる」ことが法令に定められている（路面標示用塗料，JIS K 5665）．そのため，路面標示用の塗料・インキ 1 ℓ の中に径 0.01 〜 0.15 mmφ のガラスビーズ 500 〜 800g が再帰性反射材として混入される．この塗膜面には視覚 0 〜 90°のガラスビーズが密に平面分布し，あたかも小さな猫の目が大量に並べられたような構造となる．この再帰反射用ガラスビーズは，アメリカの 3M 社が 40 〜 50 年前に考案したものである．高い屈折率によって増大したガラスビーズの再帰反射性がセンターラインなどのロードマーキングや横断歩道，交通標識などの反射輝度を高め，雨天や夜間の視認性を上げ，道路交通安全に貢献している．とはいえ，反射光の実質利用効率はまだまだ低いため車線数の多い道路や霧などの環境下ではその再帰反射効果が十分とは言い難く，高速道路などではさらに 10 倍以上の向上が望まれている．特に雨に濡れると視覚が矮狭化し，実効屈折率 N が低下するため反射方向が大幅にずれ，道路標示としての認識度の著しく低下することが不安視されている．このガラスビーズ再帰反射機能の評価として，よく見える：50m，かろうじて見える：100m，まったく見えなくなる：300 〜 400m，が 1 つの数値目安とされる．高反射率のロードマーキング用特殊組成ガラスビーズ（屈折率 N: 1.93）の開発も進み，従来の 2 倍の反射性能を発揮し，空港滑走路用に提供されているという話題も聞かれる．

広角レーザー再帰反射ミラー（視角 180°）やキャッツアイが知られている．その用途としては，ロボットアームなどの高精度 3 次元座標測定，車線維持支援装置，車間距離測定装置などのための運動軌跡座標測定用センサーが有望視されている．

　従来一般に用いられてきた超広角レーザー再帰反射ミラーの光学系には，凸レンズと反射ミラーの組合せ，および直角 3 面プリズムがある（図 4-32）．しかし，これらの光学系は運動精度や振動の影響を受けやすいばかりか，視覚も 90°以下と比較的狭いのが欠点で

〈直角三角プリズム型〉
視角90°

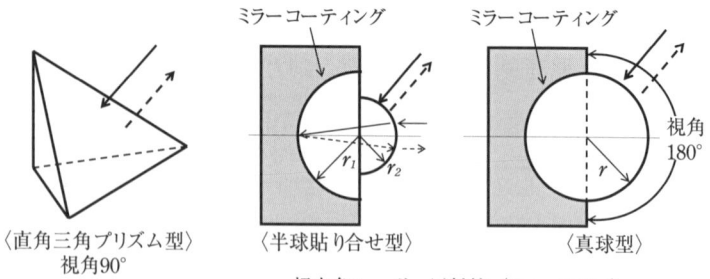

〈半球貼り合せ型〉

〈真球型〉

超広角レーザー反射鏡（キャッツアイ）
視覚180°

図4-32 レーザー光の再帰反射ミラー

ある．

　超広角レーザー再帰反射ミラーとして，半径の異なる2つの半球を貼り合せたレンズ構造（半径 r_1, r_2）がライカグループにより開発された．そこで，使用する光の波長に対する屈折率をともに N とすると，この半球貼合せ型再帰反射ミラー（キャッツアイ）では，次式が成立するようにレンズ設計されている．

$$r_1 = (N-1)\ r_2 \quad\text{——}\quad (2)$$

　キャッツアイに入射した光は，大きい径の半球の表面で焦点を結ぶ．表面には全反射コーティングが施されているため，光は表面で反射し，入射したときと同様の経路で戻る再帰反射光となる．これによってより広い入射角を得ることが可能となった．しかし，この半球貼合せ型キャッツアイは，レンズ製造技術の立場からすると煩わしい構造であった．

　そこで登場したのが真球キャッツアイである．屈折率 $N：2$ のガラス素材を開発すれば（表4-4），式(2)より $r_1 = r_2$ となり，理屈上，1つの真球体で再帰反射を実現できるはずである（図4-32）．その結果，ガラス球の内面をそのまま反射ミラーとして利用すれば，原

理的には従来の180°から
360°まで視覚を拡大できる.
これによって2次元平面上の
あらゆる角度からのレーザー
測距離が可能となり，レー
ザートラッキング干渉計に
よる方向調整を省くことがで
きるようになる．さらに，真
球キャッツアイはそのレンズ

表4-4 物質の屈折率

媒質	屈折率
空気	1
水	1.33
樹脂	1.4〜1.6
水晶	1.54
光学ガラス	1.45〜1.92
サファイヤ	1.76
ダイヤモンド	2.42

製作の容易さに加え，半球張合せ型の弱点である芯ずれや接着剤の
影響を避けることができる．ただし，素材の特殊ガラスは一般の光
学ガラスの1桁以上もコスト高となる．またこの構造では，キャッ
ツアイの真球度が再帰反射性能の決め手になるため，要求される真
球度も高い．工業技術院計量研究所で試作（1999年）した球状キャッ
ツアイ[36]に用いた特殊ガラス球は，アボガドロ数計測用の単結晶

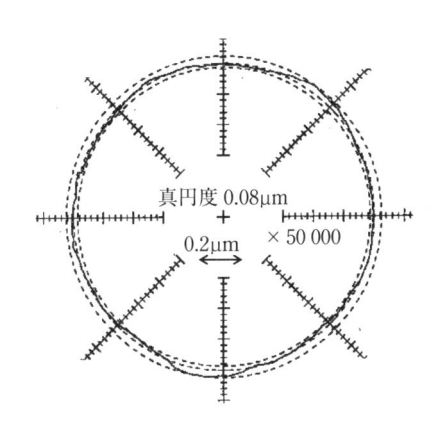

図4-33 キャッツアイの真球度
（材質：特殊ガラス，屈折率：1.999，
研磨：芝浦工業大学，1995年）

シリコン球と同様に，オーストラリア連邦科学産業研究機構（CSIRO）によって磨きあげられた．その球レンズの直径38 mmに対して，真球度 0.05 μm 以下であった．その結果，測距離精度は距離に関係なく，400 nm 程度と評価された．なお，ガラス素材は元来被研磨性にすぐれ，研磨例（図 4-33）からもわかるように，この精度は決して至難な数値ではない．ちなみに，同図の真球度には測定器の軸振れが含まれており，実質値は 0.04 μm 以下である．

第 5 章
微小球とエレクトロニクス

　球体は,転がり運動機素,光学レンズ,計測用標準ゲージなど,伝統的な機械工学において利用されてきた.これに加えて,今マイクロ球体の機能が注目されている.マイクロ球体のもつ物理特性,電磁気特性などを生かしたセンサーやデバイスへの応用である.このアイデアのいくつかはすでに形となって具体化し,その実用化をめざしてグローバルな開発競争が展開している.将来のイノベーションへつながる夢を秘めた球体技術といえる.

1. シリコンボールが拓く半導体技術

ボールセミコンダクターの登場

平坦なシリコンウエハの表面に,ステップ&リピート露光システム(ステッパ)により集積回路を焼き付けるのが伝統的なICチップの製法である.これに対して,シリコンボールの球面に集積回路を構築するのがボールセミコンダクター(球面半導体)のコンセプトである[37].具体的には,直径0.5〜1mmφ程度の単結晶シリコンボール表面に,45面体のミラーを使用した3次元露光システム(球面フォトリソグラフィー)によって微細な素子や回路を形成するものである(図5-1).

ボール・セミコンダクター社(アメリカ)を1996年に起業した石川明によって特許申請がなされ,1999年に米国基本特許が成立した.当時,世界の半導体産業に革命を起こすかもしれないとマスコミは大々的に報じ,話題となったが,期待したほど普及することなく低迷しているのが現状である.

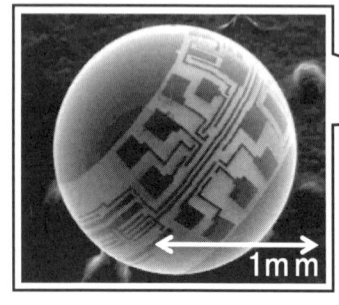

図5-1 ボールセミコンダクター

微小シリコンボールの生産性
〈シリコンボールの製法〉

直径 1 mm φ 程度の単結晶シリコン粗ボールの量産には，化学気相成長法（CVD 法），滴化凝固法など，いくつかの製法が模索されている．一般的には，誘導結合型プラズマトーチ（ICP）を使って多結晶シリコン素材をアルゴン雰囲気中で溶かし，滴下の途上で冷却させながらボール状に単結晶化させる，無容器プロセッシングがとられる．滴化の際，重力による涙形状化などの影響を阻止し，真球に近づけるため，ガスジェット型電磁浮遊炉などが考案されている[38]．しかし，このような溶融・凝固時の表面張力による単結晶シリコンボールの造形原理では，凝固時に，温度の低い表面層で核が形成され，そこから内部へ向かって結晶が成長しがちなため，高品

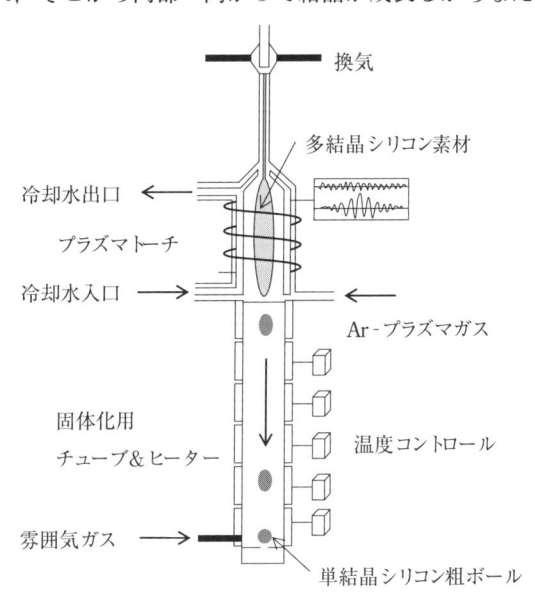

図5-2 単結晶シリコン粗ボール製造装置[38]
（ボール・セミコンダクター社）

質な単結晶シリコンボールの製造は困難とされている.

ボール・セミコンダクター社では,この滴下凝固法により製造した単結晶シリコン粗ボール(図5-2)をパイプ内転動により整形研磨し,その後,回路露光,原料ガスを満たしたパイプ中でのエッチングと成膜などの諸工程を経て,成品化に導いている.

〈期待される経済性〉

何はさておき,ボールセミコンダクター最大の魅力は,高い生産性と経済性にある.従前のシリコンウエハ生産では,インゴットからのウエハのスライスに始まりダイシングに至るまでの機械加工工程において,シリコン素材の80〜90%が切屑として失われてしまっていた.これに対し単結晶シリコンボールでは,この類の素材無駄がほとんどなく,90%以上の材料歩留まりを期待できるのである.さらに,機械加工によるダメージ(チッピング,クラックなど)の心配も少なく,品質が安定することも魅力のひとつにあげられる.

半導体製造設備に関していえば,従来のバッチ生産プロセスでは数千億円の初期投資を要し,ランニングコストはますますかさみ,時には1兆円におよぶ金食い虫となる.そのため半導体は,一企業が取り組むにはあまりに経営リスクの大きすぎるものとなってしまった.これに比べボールセミコンダクターでは,その製造プロセス構築の負担が格段に軽微となる.すなわち,素材から製品まで全工程がチューブによる連続・全自動ライン(チューブの中をフローティング状態のままで転動搬送され,加工・処理・組立が完結)によって統合され,クリーンルームなども必要としない.その結果,従来の10倍以上の生産性を実現でき(たとえば,従来のサイクルタイム120〜180日を7日以内に短縮),設備の占有面積も小さくてすみ,投資額は数十億円と1〜2桁低減できるなど,その経済効果は著しい.もし成功すれば,まさにICの製造革命である.

ボールセミコンダクターの魅力

　ボールセミコンダクターはIC機能の点でも，いくつかのすぐれた特長を発揮する．まず，平面シリコン（角チップ）に比べ，シリコンボールの実表面積が約3倍大きいことである．このことは同じ投影面積（フットプリント）に対して，集積度が約3倍向上することを意味している．また，複数個のシリコンボールを相互に直接，立体的に接続（インタコネクト実装）することで，VLSI（システムLSI）の構築も可能となる．すなわち，1つのチップに多くの機能を搭載してきたこれまでの半導体に対して，ボールセミコンダクターでは，個々のシリコンボールにはなるべく単純なICを搭載し，機能別シリコンボールの選択・組合せ・立体構成により，目的の総合機能を発揮するクラスタリングシステムを構築することができる（図5-3）．この実装技術は物理的強度にもすぐれ，プラスチックパッケージに収納しなくてもすむようになる．

　このように豊かな潜在能力を生かして，シリコンボールセミコン

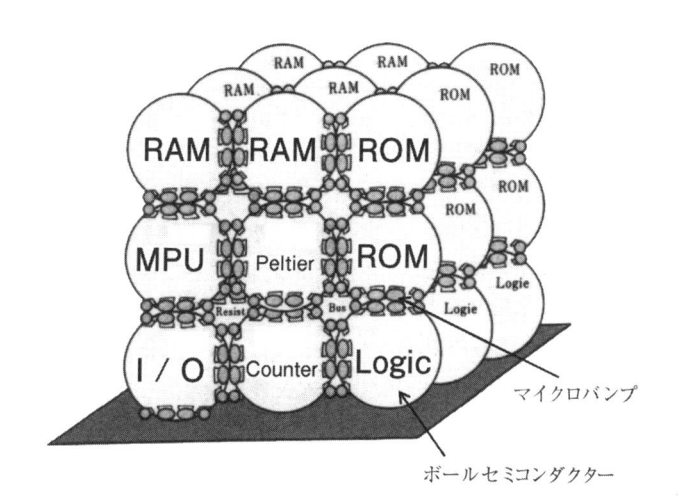

図5-3　インタコネクト実装（クラスタリング）モデル[38]

ダクターは伝統的なIC機能にとどまらず，球状3軸加速度センサー，超小型のジャイロ，オンチップコイルなど，MEMS分野への発展が予想されている．MEMSとは，シリコン基盤などにセンサーやアクチュエーターのような機能を微細加工技術によって集積した，電気・機械的マイクロデバイスを指す．その用途のひとつに各種のマイクロセンサーがある．具体的には，エアバッグ用加速度センサー，血圧測定用圧力センサー，通信用光スイッチ，味覚センサー，ガスセンサー，流量センサー等があげられ，情報・通信，自動車，民生・環境，製造・品質管理，医学・バイオなどの分野における機器の知能化・マイクロ化を指向する今日にあって，待望されるセンシングデバイスである．微小球という形体特性にMEMS技術を援用した機構的マイクロセンサーの事例も少なくない．

2. ボール型シリコン太陽電池

ソーラーエネルギーの利用

「環境の世紀」と呼ばれる21世紀はその意識の高まりのなか，救世主としてクリーンな自然エネルギーが名乗りをあげている．なかでも，太陽光（ソーラーエネルギー）に対する期待は大きい．わが国では補助制度や過剰電力買取り制度などの積極政策がやっと功を奏し，シリコン太陽電池はここ数年，急速に国内の住宅に販路を拡張しはじめた．2010年の太陽電池世界市場は3兆円弱と予想され，さらに数年後には，4兆円台に拡大するとの試算もある．日本の主要太陽電池メーカーは，技術的にはこれまで世界のトップを走ってきたものの，最近では生産シェアや国内の普及率で，世界の潮流の後塵を拝している感が否めない．

現在，原料のシリコン不足の懸念から，省シリコンあるいは脱シリコン太陽電池の研究が続けられており，化合物系太陽電池や色素

増感太陽電池と並んでボール型シリコン太陽電池の前途が取り沙汰されている．

ボール型シリコン太陽電池の現状

積極的にその実用化が進められているシリコン太陽電池は，n-型シリコンとp-型シリコンを重ね合せた板状構造である．このシリコンデバイスが太陽光を受光することにより，n-p間での電子のやりとりを行う過程において電極間に電流が流れるのがその発電原理である．しかし，高額な周辺設備や変換効率の低さ（現在10%程度）からくる電力コスト高が，その普及の足枷となっている．そこで注目されたのが，ボール型シリコン太陽電池である（図5-4）．

歴史的に，ボール型シリコン太陽電池のアイデアを最初に発案したのは J. キルビー（アメリカ）であった．普通の平板型シリコン太陽電池には太陽光を自動追尾するシステムを搭載する必要があるのに対し，直径1mmφ程度の小球体にすることで光に対する指向

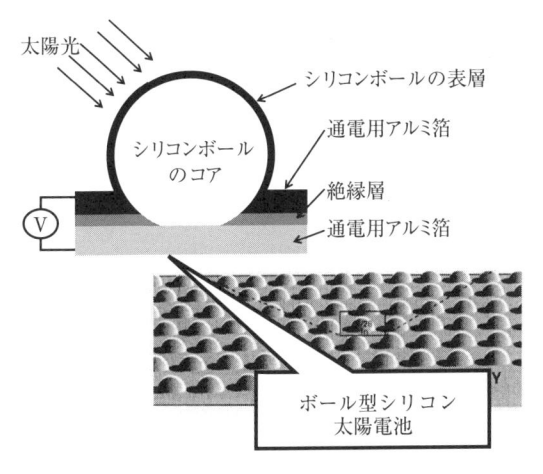

図5-4 ボール型シリコン太陽電池

性が上がり，発電効率が向上するはずであり，この期待を背負ってボール型シリコン太陽電池モジュールが市場へ登場することとなった．わが国でも，滴下凝固法による高い生産性と材料歩留まり，機械加工による材料ロスの削減などを謳ったスフェラーという商品がすでに発売されている．

一方，これまでのボール型シリコン太陽電池が半球面受光であるのに対し，360°全方向からの入射を可能（全球面受光）とするように，裏面まで反射ミラーを配して集光するボール型シリコン太陽電池が開発された（図5-5）．その結果，直射光ばかりでなく散乱光も受光でき，面積当たりの集光率がさらにアップするのは当然であり，出力当たりのシリコンの使用量が1/4〜1/6に削減できる見込みである．曲面形状モジュールへの展開も可能であり，ボール型シリコン太陽電池への期待がさらに膨らんできた．国際的な開発競争は激化する様相であり，いまや国家的プロジェクト化した感さえある．

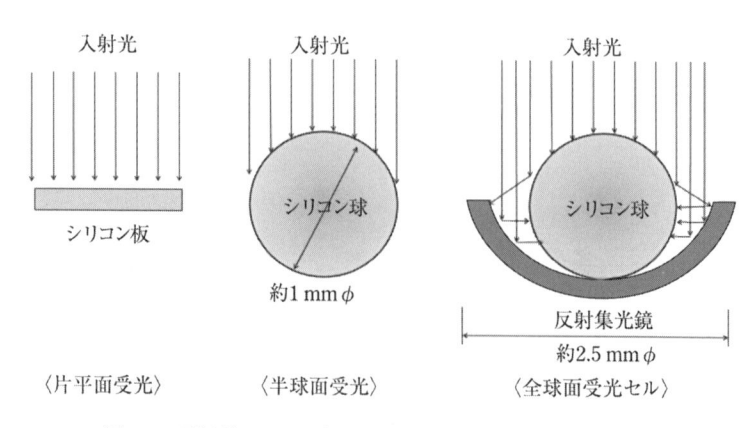

図5-5 平板型シリコン太陽電池とボール型シリコン太陽電池

3. 球体センサー・アクチュエーターとマイクロ球プローブ

アクチュエーターとセンサーはともに"信号エネルギー ↔ 物理的運動"の交互変換デバイスである．前者が"→"，後者が"←"とその変換向きを逆にするが，いずれも制御機構に組み込まれ，その機能を発揮する．理論的な視点からいえば，球体は低い転がり摩擦抵抗と無限の回転自由度に加えて高精度の加工が比較的容易であること，さらに，回転中心が1点に定まるためその運動モデルを簡明化でき，制御も単純かつ高速化できることが魅力となる．この特長を生かした球体センサーあるいは球体アクチュエーターに，さらにセンサーの検出子となるマイクロ球プローブが加わり，機械・装置制御の神経系が構築される．情報化，システム化，マイクロ化時代を支える MEMS（本章1節参照）にとっても，きわめて重要なコア技術となる．

ジャイロスコープと球体センサー
〈ジャイロスコープと加速度センサー〉

伝統的なジャイロスコープとは，ローターの回転（スピン）軸がその慣性によって空間に固定されることを利用した3次元位置・姿勢検出機構である．かつては3次元空間を動く物体の姿勢，速度，位置などの検出のための唯一無二のセンサーであった．その後，高性能ジャイロなどへの需要が高まり，球形ローターを磁界によって浮上，回転させる磁気浮上型ジャイロ（図5-6）や超伝導型ジャイロのような新たな球体利用技術も発明された[39]．また昨今では，自律移動機械（ロボットなど）のナビゲーション用にその小型化を図るべく，コリオリ力による振動ジャイロ，サニャック効果によるレーザージャイロなど，いろいろな原理を用いた球体ジャイロが

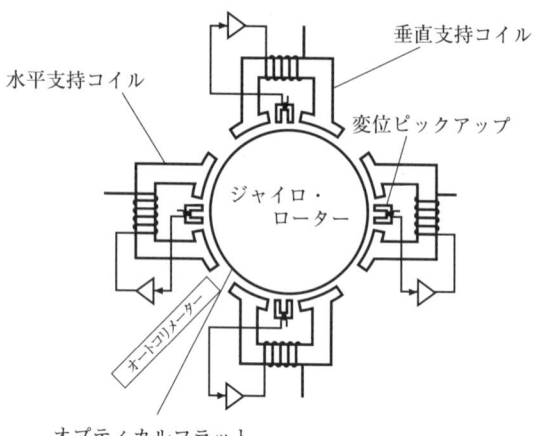

図5-6 磁気浮動型ジャイロ[39]

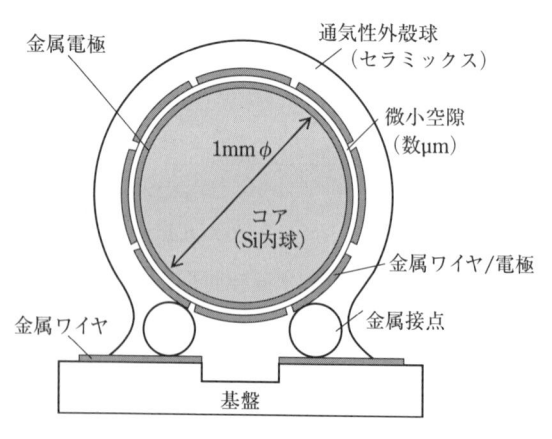

図5-7 ボールシリコン慣性センサーの構造[40]

次々に登場している.

ジャイロを利用したセンサーに,シリコン微小球を検出電極とした加速度センサーがある.その構造は,従来の半導体 VLSI や MEMS デバイスと同様,リソグラフィーによって数 mmφ のシリコン球(コア)表面に回路を形成し,この内球が外殻電極(シェル)によって内包される構成となっている[40].内球は,外殻との数μm の空隙で電極の静電力によって浮揚し,自由回転できる(図5-7).1〜3軸方向の加速度変化を同時に容量型ピックアップにより検出することで,傾斜計や加速度センサーとなる.SN 比にすぐれ,携帯情報機器,地震感知,安全・警報装置(灯油ストーブの安全消火装置,電動車・椅子などの転倒防止など)への応用が考えられている.

〈**球型 SAW センサー**〉

SAW(Surface Acoustic Waves)とは,物体表面の音源から発して,表面を伝播する弾性表面波のことである.この種の波動現象は,長い距離を伝わる間に,空間的に広がる回折現象を呈することが知られている.しかし,弾性表面波が球体の表面を伝播するときには,球の直径と波長の積で定まるある特定の表面波に限り,伝播する弾性表面波が本来有する回折効果と球面曲率による収束効果の拮抗により狭い帯状域に閉じ込められ,100回以上も周回できる無回折伝播の弾性波帯(コリメートビーム)を形成する(図5-8).この特性を利用したのが,球型 SAW である[41].球型 SAW をセンサーとして利用するための原理を,平面型 SAW モデル(図5-9)によって説明すると次のようである.圧電基板上にすだれ状電極が形成されており,電極に高周波信号を入力すると弾性表面波が励起される.その弾性波帯上にガスと反応して物理特性の変化する材料を被覆すると,この弾性率の変化により弾性表面波の伝播速度や位相,振幅が変化する.その信号を次のすだれ電極において再び電気信号に変換することで,初期信号との波形の差異を抽出できる.したがって,

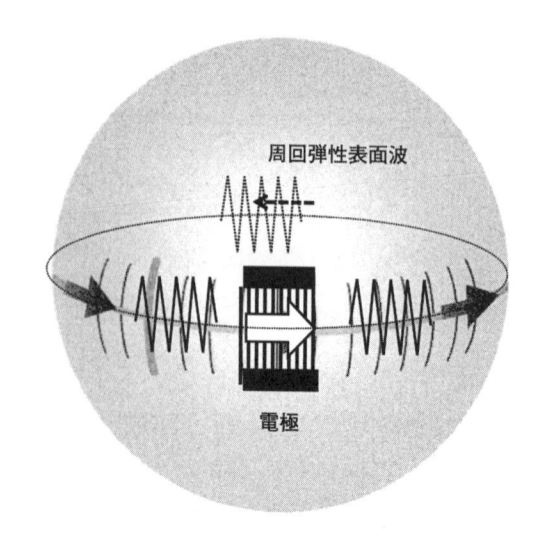

図5-8　球面の周回弾性表面波

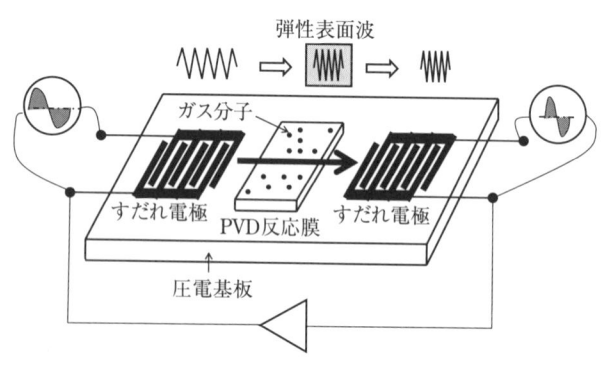

図5-9　平面型 SAW センサー

反応膜材料を選択すれば，いろいろなガスや味覚のセンシングに対応できるのである．

　球型 SAW センサーの用途として，今，注目されているのが水素ガスセンサーである．燃料電池の水素濃度コントロールや水素ガス

漏洩の検出に必須なガスセンサーである．従来の平面型 SAW は広い濃度範囲をカバーできる可能性をもつが，応答速度や感度がやや低いことへの不満があった．このような折，直径 1 〜 3 mm の水晶球の表面を伝わる弾性波を利用して，水素ガスを検出するセンサー開発が報じられた[42]．そこでは，水晶球の表面に感応膜を物理蒸着（PVD）することにより，水素ガス H_2 を選択的に吸着できるガス反応薄膜部が形成された．一方，水晶球の感応膜中心部に形成された櫛形回路の圧電効果によって，赤道面を周回する弾性波を励起させ，その伝播速度の周回数を増やすことで測定精度を向上させるのである．近い将来，この水晶球 SAW デバイスは検波回路などの回路基板に結合，実装され，ガスセンサーモジュールとして汎用化され，ロボットの感覚センサー（味覚，嗅覚，触覚），医用センサー（プロテイン測定，ウイルス検出）などへの応用も切り拓かれるだろう．

〈転動機構式振動センサー〉

球の転動をセンサーの検出機構部に用いる発想は，昔からあった．『後漢書』によれば，西暦 132 年に「衡風地動儀」という玉を使った地震計が洛陽に設置されている．また，わが国初の地震計（1873 年）も水晶玉 4 個を用いた構造であった．最近でも，球を用いる震動や角度センサーの考案や特許を目にする機会は多い．そんな事例のいくつかを紹介しよう．

感震センサー　　導伝性の金属球を用いたメカニカルな震動センサーがある[43]．その構造は図 5-10 に示すように，震動による装置の微妙な姿勢変化量を直径 3 mmϕ の金メッキしたステンレス鋼球が検出するものである．震動により導電性の球が転動し，電気接点をオン・オフさせる原理であり，感震センサーとして石油ストーブなどの安全装置向けに利用が検討された．従来のウエイトスイッチに比べ，大幅な小型化が可能となる．同様に，金属球による地震での自動点灯装置も開発されている（図 5-11）．この装置を壁や柱に

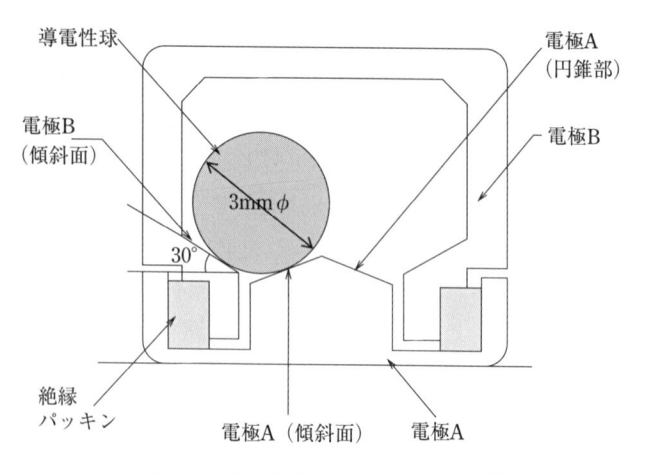

図5-10 導電性球による感震センサー[43]

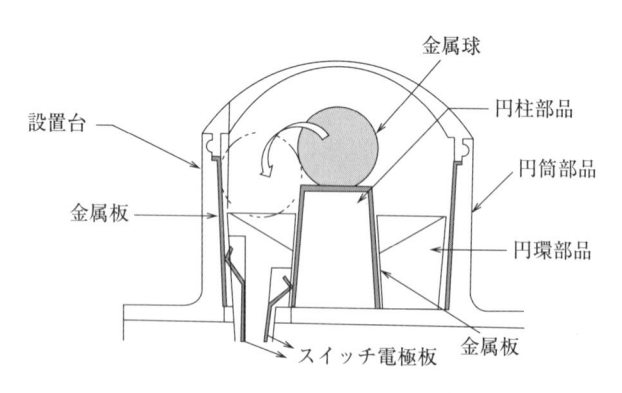

図5-11 地震で自動点灯する電灯のセンシング部[44]

固定し，震動によって感震球が転動してその位置を変えたとき，球体の重力がスイッチを入力するメカニカルな機構である．この例では，震度4以上で点灯するという．図5-12には，磁石と鋼球を組み合せて，鋼球の転動を磁束密度の変化に換えてコイルで検知する震動センサーのアイデアを示した．この原理は，構造を単純化でき，

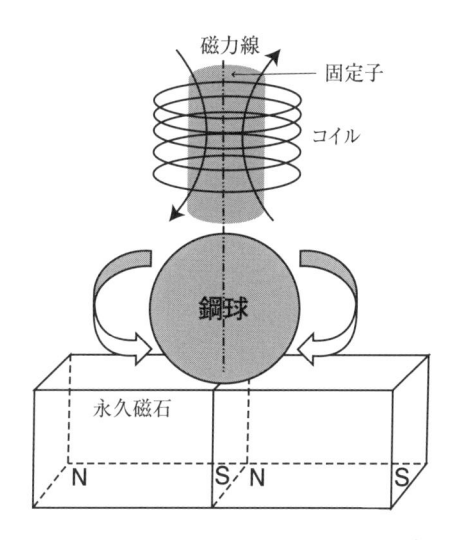

図5-12 鋼球と磁石による振動センサー[45]

かつ増幅器が不要なため安価に製作できることから，地震時におけるプラントの安全監視などに利用できる．

角度・感覚センサー　図5-13は，中空で透明な球状筐体のなかに，それより小さめの不透明球をおき，この内球の相対位置の変化を光学系により検出して傾斜角を特定するセンシング機構である．スポット上に映し出された不透明な球体の影の大きさと位置から，2つの球体の相対位置の変化を認識でき，360°の回転角度を検出可能である．廉価であるが，検出精度が高いとはいえない．このセンサー機構は二枚貝の平衡胞構造[46]からヒントを得ており，平衡感覚センサーなどへの適用が想定されている．

多自由度回転駆動用の球体アクチュエーター

球面モーターは1個のモーターで多自由度運動を実現できることに加えて，比較的簡単な構造のためマイクロ化・軽量化が可能であ

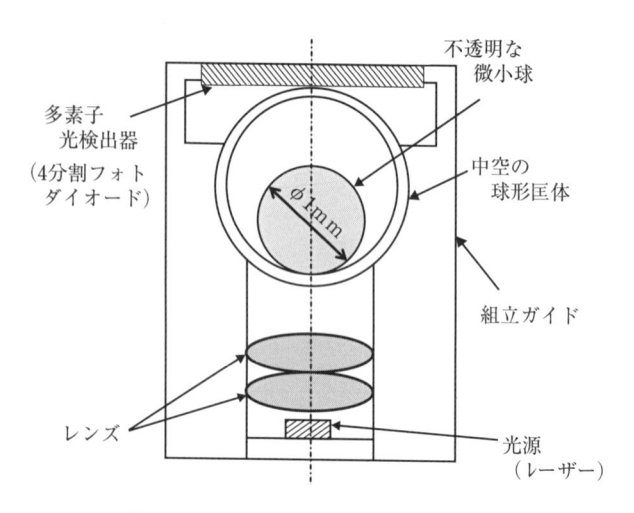

図5-13 平衡感覚球センサーの基本構成[46]

り，かつダイレクトドライブであることから減速機を使わず低速・高トルク，高応答性を発揮できる．そのため，超小型・超精密機器のためのアクチュエーターやマイクロマニピュレーター，たとえばヒューマノイドロボットの関節や人工眼球操作，手術用多自由度鉗子，義肢，車載機器，カメラ等への多彩な応用に期待が寄せられている．ちなみに，人間の腕は7自由度，手は20自由度をもつ．そのための動力義肢には相当の自由度をもつアクチュエーターの組合せが必要となるため，球面モーターは恰好の応用となる．

球面モーターには，球体ローターの多自由度回転駆動機構として超音波振動接触（摩擦力）を用いる球面超音波モーターと，回転磁界（電磁力）による球面電磁モーターの2種類があり，ともに，その実用化が着実に進んでいる．

〈球面超音波モーター〉

弾性表面波のエネルギーと押付圧を与えたステーター（駆動子）がローター（被駆動子）をその接触部で摩擦力を介して駆動する．

この構造は概念図（図5-14）に見るように，圧電素子に2相の高周波電圧を印加し，リング状ステーター表面に超音波振動を励起し，押付圧のもとで球ローターを摩擦により回転駆動する．回転方向・速度は1個のモーターの振動の大きさ・向きで2～3自由度を制御できる．電磁気ノイズから解放されたことも球面超音波モーターの利用にとって大きな強みとなり，磁気を嫌う環境，たとえば磁気共鳴画像診断装置（MRI）などにその応用が期待されている．実用化するには，摩擦力の制御性と耐摩耗対策がその鍵を握っている．

〈**球面電磁モーター**〉

永久磁石構造になっているローターがジンバル機構やベアリングによって回転できるよう支持されている．そして，ステーターの複数の電磁石への正弦波電流の振幅と位相差を制御することで回転磁界を発生させ，内側の永久磁石（球ローター）を同期運動させる．

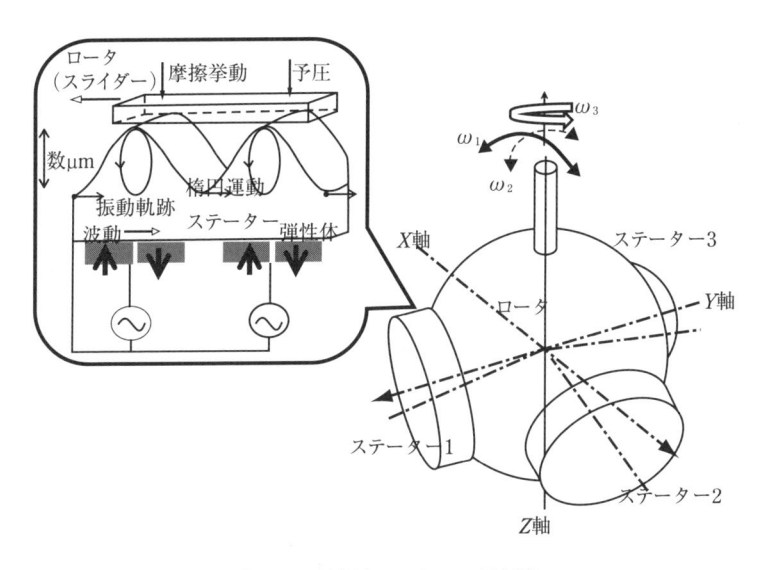

図5-14 超音波モーターの概念図

いわゆる，球面誘導モーターである．

マイクロ球プローブによる微小計測

部品の形状精度，寸法精度，幾何公差などの3次元測定には，真球体のプローブ（探針）が常用されている．とりわけ100～1000 μm程度のマイクロ部品形状をナノメーターオーダーの精度（検出分解能10 nm以下）で測定するには，マイクロ球プローブが必要不可欠である．マイクロ球プローブの一例として，プローブ径10 μmφ以下，真球度10 nm以下，位置検出分解能10 nm以下，および測定力 10^{-5} N以下などが要求される仕様である．

〈吸気型マイクロ球プローブ〉

小型部品あるいはマイクロマシーンの小穴の内径（たとえば，1 mmφ以下の小穴）や微小空間を高精密測定できる実用性の高い方法はあまり見当たらない．従来のタッチトリガープローブ（接触式），あるいは空気マイクロメーター（非接触式）よりもさらに小型で測定圧の小さな検出機構が要求されるからである．円管（内径：サブmmφ）先端に真空ポンプの吸引力によって吸い付けたマイクロ球プローブは，機構や測定値の信頼性という点で十分これに応える性能をもつ（図5-15）．ここでは，マイクロプローブ球と細管の間のわずかなずれ（隙間）を管内圧力変化として捉え，その接触を認識するのであり，測定圧 10^{-6} N を実現した[47]．

〈レーザートラッピングプローブ〉

ナノ3次元座標測定機用位置検出プローブとして，誘電体微小粒子球（直径10 μmφ前後で真球度の高いシリカ微粒子）を用いるレーザートラッピングプローブが提案されている[48]．ここでは，微小なプローブ球をレーザーエネルギーで捕捉（トラップ）し，これを測定プローブ球体として操作し，干渉計によって非接触で被測定物の位置・座標を検出するのである．直径20 μmφほどのファイ

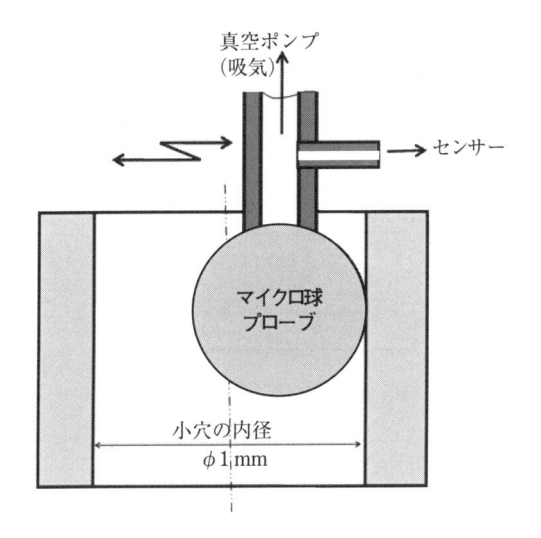

図5-15 吸気型マイクロ球プローブ[47]

バーに発光プローブ球をつけた光学式の微細形状測定装置は,すでに商品化されている.

〈微小共振球プローブ〉

走査型近接場光学顕微鏡(SNOM)とは,プローブ周辺に形成した近接場(物質界面近傍に局在する電磁場)を用い,プローブを試料に近づけたときに生じる光の強度変化を検出し,試料表面を走査することによって形状測定を行うプローブ顕微鏡である(図5-16).導電性にかかわりなく物体の表面形状の高い測定分解能を得ることが可能となる.プローブとしては,微小な誘電体の共振球が供されている.この球径が小さいほど,測定分解能は高まる.開発された共振球プローブ型 SNOM の事例[49]によると,プローブとして直径 500 nm のラテックス球が用いられている.その空間分解能は,縦方向 2 nm 以下,横方向 10 nm 以下であるが,測定値の再現性などに課題が残る.

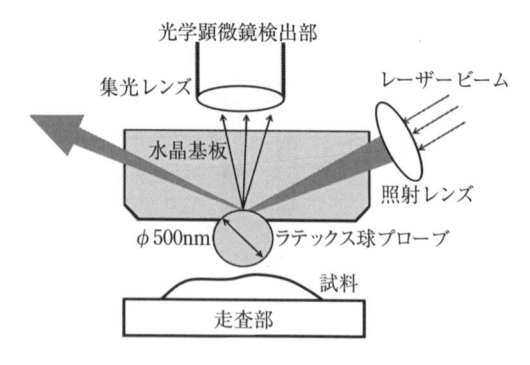

図5-16 走査型近接場光学顕微鏡（SNOM）プローブ

4　マイクロスフェアとマイクロバルーン

マイクロスフェアという粉球

　直径nm～μmφオーダーの微小球（図5-17）は，マイクロスフェアと呼ばれる．固体というよりも，最早，粉体というべきマイクロスフェアにも，真球を望まれるものがある．たとえば，複写機のトナーは，完全球体が理想である．空間への充填自由度が高い真球キャリアは，小さい文字や細い線，微妙なハーフトーンを再現できるからであり，鉄，銅粉が主体のマイクロスフェア（50～200 μmφ）が利用されている．

　マイクロスフェアの活性化された表面機能を発揮する用途もある．化粧品としてのマイクロスフェア（1～5 μmφナイロン球など）は昔から馴染み深い．新たな用途として医療分野やバイオテクノロジー分野で注目されているのが，ラテックスのマイクロスフェアである．その表面に官能基物質を被覆することによって，抗原抗体反応を生起させることができる．あるいは，放射線物質を含むガラスのマイクロスフェアによる放射線治療効果の報告例もある[50]．

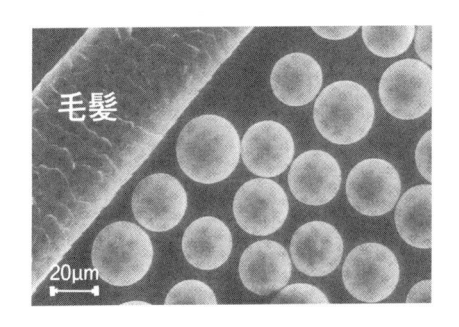

図5-17 マイクロスフェアの外観[50]

　マイクロスフェアの製造に転動造粒法を利用した実績はあるものの，一般論としては機械的作用の適用は難しい．そのため，表面張力を利しての融液凝固（アトマイズ法，回転ディスク法，回転電極法など）やゾル・ゲル法などの化学合成に頼ることとなるが，その形体や寸法の制御には難問が山積している．

マイクロバルーンへの期待

　科学技術の進歩によって，マイクロバルーン（中空微小球）が必要とされるようになってきた．すでにいろいろな仕様のマイクロバルーンが製造され，各社の商品名（マイクロカプセルなど）を冠して市場に出まわり，特殊な機能の発現に貢献している．球径は10〜300 μm，肉厚はサブμm〜数μm程度である．構造用の中空微小球には金属をはじめ，プラスチックや無機材料（セラミック，カーボン，シラス，ガラス）があてられるなど，マイクロバルーンの種類は多様であるが，その製法は次に述べるように断片的で詳らかにされているとは言い難い．

〈製法〉

　金属マイクロバルーン　融点における金属のガス溶解度差を利用して，溶解後，一方向凝固させることで数十μmサイズの方向性

第5章　微小球とエレクトロニクス ―― *157*

気孔を有する革新的金属ナノバルーン（ロータス型ポーラス金属）を製造する技術が報じられた．

セラミックスマイクロバルーン　電気炉で溶融し，吹き飛ばして中空アルミナ球を形成する製法が知られている．すなわち，数種以上の金属塩を含む溶液を噴霧して液滴にし，その液滴を当該金属の分解温度よりも高く，かつ当該金属塩を構成する金属の融点より低い温度で加熱することで中空微小球化する噴霧熱分解製造法であり，すでに実用されている．また，シリカアルミナ系微粉に添加剤（フィラー），発泡材を入れて高温加熱し，焼成させることで，サイズ数百μm程度のセラミックスマイクロバルーンを形成する製法も報告されている．さらに，このようなセラミックスバルーンの表面に各種金属（Al, Zn, Cu, Ag）を被覆するメタルコートバルーンの製法も開発中である．

ホウ珪酸ガラスマイクロバルーン　ホウ酸溶液と珪酸ソーダを配合し，発砲剤を添加して加熱・乾燥した後，粉砕し，この原料粉末を1000度以上の高温に保ちながらガスを流し込むことによって，粒径10〜250μm，肉厚0.2〜2μmのマイクロバルーンが製造される．

〈用途〉

マイクロバルーンには，次のような用途がある．

最も有名なのが，アメリカNCR社が商品化したノーカーボンペーパー（感圧複写紙）である．

最近の注目は，ガラスやフェノール樹脂のマイクロバルーン（10〜30μmφ程度），あるいはシラスバルーンをエポキシやポリエステルなど熱硬化性樹脂マトリックスに混入，分散させた高強度複合材料で，シンタクチックフォームと呼ばれている．軽量（比重0.5〜0.7），高圧縮強度，高弾性率，低熱伝導率，防音特性，低吸水性，良好な被削性などの特性を生かし，建設資材，自動車部材，航空機

材，浮力材料（深海調査船用の浮力材，海洋機器・装置，ブイなど），深海構造物用材として有効とされるが，きわめて高価な素材である．

変わったところでは，天然に産するマイクロバルーン"シラス"を利用することがある．シラスとは九州で産出されるシリカ系の火山灰を指す．マイクロバルーンをなすのは，平均粒径が数十μm程度のガラス質の天然砂粒である．このシラスバルーンに光触媒機能を有する酸化チタンを被覆したのち加熱発泡させたものは，海苔加工海水の浄化，生け簀や池の浄化に利用されている．

マイクロバルーンを樹脂・塗料の充填材とし利用することも可能である．たとえば，内部に発泡剤を含入させたプラスチックマイクロバルーン（5～30 μmφ）をインキと混ぜて塗り，発泡させて凹凸立体感のある印刷を行う試みもなされた．プラスチックマイクロバルーンを焼成炭化して導電性，耐熱性，耐放射線性を高め，電気変換素子，圧電スイッチ，電波シールドに利用することも検討されている．その他，無機磁性体からつくられたナノバルーンが分子磁性体の研究に供されている．

〈レーザー核融合とガラスマイクロバルーン〉

近年，資源の枯渇，地球環境の悪化，世界の人口増加とそれに伴うエネルギー需要の急騰によって，核融合エネルギーへの依存が避け難くなってきた．当然のこととして，核融合エネルギーの応用がナショナルプロジェクトとして各国で進められた．そのナショナルプロジェクトのひとつに，レーザー核融合がある．

レーザー核融合実験では，高圧燃料ガスを充填したガラスのマイクロバルーン（HGS）が燃料容器（ペレット）として用いられる（図5-18）．核融合燃料に使用される重水素，二重水素を特殊な材質のガラスマイクロバルーン内に貯蔵するには，このガラスバルーンを加熱した高圧容器に閉じ込めることによって，これらの燃料をバルーンの壁を通ってしみ込ませ，バルーン内に捕獲するのである．

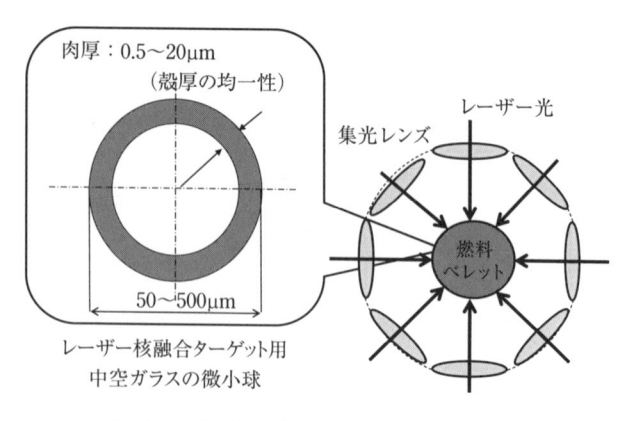

図5-18 中空ガラス微小球によるレーザー核融合

このレーザー核融合実験用のガラスバルーンをつくる過程は次のようである[51]．

① 金属アルコキシドの混合溶液を加水分解してゲルをつくる．
② 乾燥後，粉砕，ふるい分けして得られた50 μm前後のゲル粉末を電気炉内で落下させて1 400 ℃前後の温度によってガラス化させる．
③ ゲル粉末を急加熱すると，粉末内部のガス（水分と空気）が粉末から逃散する前に表面にガラス殻が形成され，閉じ込められたガスが膨張しバルーンとなる．

このマイクロバルーンをレーザー核融合実験に使用するためには，直径50〜500 μm，真球度：直径の±2%，肉厚の均一性：肉厚（0.5〜20 μm）の±3%，表面の平滑度：30 nm以内の凸凹，が必要である．市場に流通している水ガラスの滴液法や水蒸気処理した中空なガラスビーズ（市販品）でこのレーザー核融合実験にかなうものは，10^5〜10^6中わずか1個程度の割合といわれるほど希少である．

エピローグ

宇宙船「地球号」という球体

　降り出した雨をビーカーに採取し，分離に用いた濾紙面を顕微鏡でのぞくと，数十～数百μmの宇宙塵と呼ばれる微小な球体を見つけ出すことができる．大気圏内に突入した隕石が燃え尽きた後の残滓であるこの宇宙塵が無数，空中に浮遊し，雨滴の核となって地上に落下するのである．当然のことながら，流星群と採取された宇宙塵の数との間には強い相関関係が成立する．そのため，深海の底に堆積した宇宙塵を追跡すれば，地球の遠い過去を知る手がかりが得られるのである．

　宇宙塵のような微小球から雨滴やハスの葉の水滴，真珠，宇宙の月や惑星に見るように，大自然は究極の単純形ともいえる球体によって構成され，人間はこの球体に魅せられてきた．われわれの生きる球体，この地球の自然が今，病んでいる．人間が生み出した文明がCO_2濃度を高めるなど，この天球の環境を激変させているらしい．環境負荷のない閉ループのもとで自然との平衡状態を維持しながら，文明は生態系との共存を図らなければならなかったのである．

　完全にシールした直径約15 cmのガラス球のなかに，生産者としての藻，消費者としての数匹の小エビ，分解者としてのバクテリアが水とともに密封された，エコスフェアと呼ばれる置物がある．これに適度に光さえあてておけば，放っておいてもこの生態系の平衡状態は1～2年くらいは保たれる．すなわち，小エビは藻を食べ酸素を呼吸し続け，藻は二酸化炭素，アンモニア，水を原料とし日光による光合成で生育し，同時に酸素を放出する．このようにして

閉鎖されたまま，この生態系は生き続けているのである．もし自然環境の破壊によってこの連鎖が断ち切られたとき，地球の生態系に何が起こるのか．エコスフェアは宇宙船「地球号」の縮図なのである．

球体テクノロジーが地球を救う

文明が地球環境を破壊する一方，人類はその文明を築くために人工の球体を技術に取り込んできた．その象徴が玉軸受である．今日，世界の自動車保有台数は約8億台といわれている．自動車1台には数十個の転がり軸受が使われている．自動車の燃量効率はたかだか10％強にすぎず，また動力駆動系の内部摩擦エネルギーもほぼそれに匹敵する数値である．そこで簡単な試算によっても，玉軸受の摩擦係数をわずか1％削減するだけで，温室効果ガスの削減に大きく貢献できることは明白である．

歴史的には，Peter Jost（イギリス）が「摩擦・摩耗」の経済効果を GNP の約 0.8％ とする衝撃的な報告（Jost 報告，1966 年）によって世界にその重要性を喚起し，新しい学問「トライボロジー」が誕生した．そして 1979 年には，当時のカーター大統領（アメリカ）がトライボロジーを "Generic Technology"（共通基盤技術）と位置づけ，その社会的意義を強調した．

このように，トライボロジー自体は小さな存在にすぎないかもしれないが，それが多くの産業や地球環境におよぼす影響を累計すると莫大なる波及効果を生み出す，まさに人類にとっての共通基盤技術であり，その中核のひとつが球体テクノロジーなのである．

むすび

本書では主として，工業的に縁深い球体をとりあげ，その意義を強調してきた．もちろん，ここでとりあげた話題以外にも，科学技

術の分野にはまだまだ多様な球体があり，その用途も多岐にわたっている．トラックボール，ハンダボール，攪拌球，マグネット球，液晶スペーサー用マイクロ球など，尽きることがない．将来の新技術にとっても，球体テクノロジーに託す期待と夢は限りなく広がる．

　一方，日常の暮らしのなかにも球体が満ち溢れている．スポーツ（各種の球技用ボール），遊戯（ビリヤード，ボーリング等），宝飾（ビーズ，数珠等），食品（飴玉等），薬品（丸薬等）など小球から，数メートルにもおよぶ巨大な球体モニュメントまで，随所で目にすることができる．本書では深く言及することのなかったこのような生活や文化にかかわる球体についても，追求してみると結構いろいろな発見があり，興味は尽きない．

参考文献

[第1章]
1) 谷川健一：民俗学の愉楽，現代書館，2008
2) 篠原方泰編集：水晶宝飾史，甲府商工会議所，1968
3) 水野　祐：勾玉（改訂増補），学生社，1992
4) 寺村光晴：日本玉作大観，吉川弘文館，2004
5) 大坪元治：眼鏡の歴史，日本眼鏡組合連合会，1960
6) 坪井珍彦：トライボロジーの技術史余話，日本ベアリング工業会，2000
7) G. F. Kunz：The Curious Lore of Precious stones, Dover Publications Inc., 1971
8) D・ダウソン：トライボロジーの歴史，工業調査会，1994
9) 佐野裕二：自転車の文化史，中公文庫，中央公論社，1988

[第2章]
10) W. L. Bond：The Riew of Scientific Instruments, Vol.22, No.5, 344-345, 1951
11) 所　千晴：第22回GH研究会講演資料，1-12，2005
12) 福田泰隆：金属，Vol.79, No.11, 58-62, 2009
13) JFEテクノリサーチ：Nikkei Monozukuri, 17-19, 2010.10
14) 品川一成，他：塑性と加工，Vol.49, No.574, 1096-1100, 2008

[第3章]
15) 金田　徹：精密工学会誌，Vol.60, No.2, 215, 1994
16) 毎日新聞，1999.12.9
17) 榊　毅史・柴田順二：砥粒加工学会誌，Vol.37, No.3, 151, 1993
18) 塚田為康，他：東芝レビュー，Vol.26, No.6, 72, 1971
19) 柴田順二・榊　毅史・川田　渡：日本機械学会論文集（C編），Vol.59, No.557, 289, 1993
20) 川崎　健：イワシと気候変動—漁業の未来を考える—，岩波新書，2009
21) 塚田為康：精密加工，Vol.40, No.8, 70, 1974
22) A. Leistner and G. Zosi：Applied Optics, Vol.26, No.4, 1987
23) 中山　貫・藤井賢一：応用物理，Vol.62, No.3, 1993
24) 倉本直樹：産総研 Today, Vol.8-4, 2008.4

[第4章]

25) 玉軸受用鋼球,JIS B 1501,日本規格協会
26) E. H. Goodridge:Machinery, Vol.62, No.4, 143-151, 1955.12
27) 日経メカニカル,No.481,81,1996.5
28) 上原俊明,他:石川島播磨技法,第34巻,第1号,23-27,1994.1
29) こま形自在軸継手:JIS B 1454,日本規格協会
30) 高岡邦夫編集:新世代の整形外科術「新しい人工関節置換術と再置換術」,メジカルビュー社,104,2000
31) 割澤伸一,他:砥粒加工学会誌,Vol.48,No.2,90,2004
32) 帳票の設計基準,JIS Z 8303,日本規格協会
33) 油性ボールペン及びレフィル,JIS S 6039,日本規格協会
34) Nikkei Mechanical, No.500, 24, 1997.2
35) 中村 収,他:精密工学会誌,57,831-836,1991.5
36) 日本工業新聞,1999.8.23

[第5章]

37) 山下雅樹・竹田宣生:電子材料,21-25,1998.11
38) Y. Sakuda, et al.:JASMA, Vol.25, No.3, 355-359, 2008
39) 森 菊久:飛行機をとばすコマ―ジャイロが開いた世界―,講談社ブルーバックス,1979
40) R. Toda, et al.:Technical Digest of The Sensor Symposium, 279-283, 2001
41) 中曽教尊:日本機械学会誌,Vol.107,No.1023,120,2004
42) 山中一司,他:精密工学会誌,Vol.73,No.8,879-882,2007
43) Nikkei Mechanical, No.501, 69-70, 1997.3
44) Nikkei Mechanical, No.479, 69, 1996.4
45) Nikkei Mechanical, No.493, 71, 1996.11
46) 伊藤啓祐,他:1996年度精密工学会春季大会学術講演会講演論文集,287-288
47) 鈴木昭洋,他:1996年度精密工学会春季大会学術講演会講演論文集,665-666
48) 高橋裕浩,他:日本機械学会第2回生産加工・工作機械部門講演会講演論文集,203—204,2000
49) 片岡俊彦,他:1997年度精密工学会秋期大会学術講演会講演論文集,269
50) 牧原正記:Boundary,19-25,1996.10
51) 野上正行,他:窯業協会誌,Vol.88,No.12,712-718,1980

著者紹介

柴田順二（しばたじゅんじ）

1974年　慶応義塾大学工学研究科博士課程修了，工学博士
同　年　芝浦工業大学工学部専任講師
1988年　同教授
2003年　同大学専門職大学院教授
2008年　定年退職．芝浦工業大学名誉教授

その間，慶応義塾大学・東京都立大学非常勤講師，東京大学生産技術研究所顧問研究員を務める．また，日本機械学会部門長，砥粒加工学会会長，精密工学会評議員等を歴任．

専門は，機械加工，表面工学，トライボロジー，工作機械

球体のはなし

定価はカバーに表示してあります．

2011年 3月15日 1版1刷 発行　　　　ISBN978-4-7655-4467-2 C1053

著　者　柴　田　順　二
発行者　長　　滋　彦
発行所　技報堂出版株式会社
〒101-0051
東京都千代田区神田神保町1-2-5
電　話　営業　(03) (5217) 0885
　　　　編集　(03) (5217) 0881
F A X　　　　(03) (5217) 0886
振替口座　　00140-4-10
http://gihodobooks.jp/

日本書籍出版協会会員
自然科学書協会会員
工学書協会会員
土木・建築書協会会員

Printed in Japan

© Junji Shibata, 2011

装幀　冨澤崇　　印刷・製本　三美印刷

落丁・乱丁はお取替えいたします．
本書の無断複写は，著作権法上での例外を除き，禁じられています．